→ Avant-propos

Dans les arcanes de la recherche

Qu'elles aient pour terrain une «fabrique à Nobel» comme le laboratoire Kastler Brossel, la jungle amazonienne ou les canopées du Midi de la France, les avancées scientifiques s'opèrent à bas bruit, trop discrètement pour que la majorité d'entre nous ait la chance de les partager. Les sciences avancent pourtant. Avec persévérance car il faut parfois un siècle pour qu'une observation confirme une théorie; avec audace en bousculant nos certitudes sur les origines du vivant; avec imagination quand elles révolutionnent les techniques d'édition du génome. *Carnets de science* vous invite à pénétrer dans les arcanes de ces recherches qui nous éclairent sur nous-mêmes, sur le monde qui nous entoure, et qui sont souvent l'œuvre d'une vie.

Bonne découverte, bonne lecture.

Alain Fuchs, président du CNRS

Tempête de savon

N'en déplaise aux astronomes amateurs, cette planète irisée n'est qu'une modeste bulle. Une bulle de savon, qui aide quand même les scientifiques à comprendre la formation des cyclones et à prévoir leur intensité. En effet, les chercheurs du Laboratoire ondes et matière d'Aquitaine se sont rendu compte qu'en chauffant cette bulle au niveau de son « équateur », les tourbillons qui apparaissent se comportent comme de vrais cyclones. Une explication : la bulle et l'atmosphère ont, toutes deux, une épaisseur très fine en comparaison de leur diamètre.

→ Sommaire thématique

Vivant

Matière

Sociétés

Univers

fig. Pour détecter des ondes gravitationnelles, les scientifiques utilisent des instruments gigantesques tels que l'interféromètre Virgo. Ici, un scientifique inspecte l'un des miroirs de Virgo, construits avec l'un des verres les plus purs du monde.

Terre

Numérique

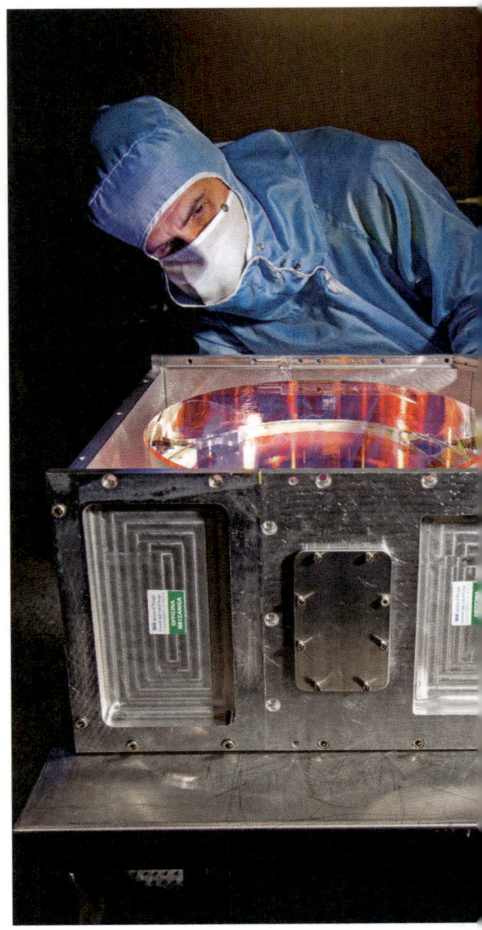

fig. Vue d'artiste de deux trous noirs qui émettent des ondes gravitationnelles en tournant l'un autour de l'autre.
© Numerical-relativistic Simulation : S. Ossokine, A. Buonanno (Max Planck Institute for Gravitational Physics). Scientific Visualization : W. Benger (Airborne Hydro Mapping GmbH)

Ondes gravitationnelles : les coulisses d'une découverte

Le 14 septembre 2015 est un jour historique, celui d'une découverte scientifique majeure. Pour la première fois, les chercheurs de la collaboration américano-européenne LIGO-Virgo ont en effet détecté des ondes gravitationnelles prouvant ainsi leur existence. L'observation de ces ondes, prédites par Albert Einstein mais qu'il croyait indécelables, nous ouvre une nouvelle fenêtre sur l'Univers.

article écrit par Nicolas Baker
lieu Laboratoire de l'accélérateur linéaire (France), LIGO (États-Unis), Virgo (Italie), Institut Max-Planck (Allemagne)...
mots-clés trous noirs, ondes gravitationnelles, cosmos, Einstein

Campus d'Orsay. 9h00. C'est un lundi comme les autres pour Patrice Hello, physicien du Laboratoire de l'accélérateur linéaire (LAL) [1]. Il a consacré toute sa carrière à la quête des ondes gravitationnelles, ces tremblements de l'Univers provoqués par des événements cosmiques ultraviolents. Depuis leur description par Albert Einstein en 1915, on n'a que des preuves indirectes de leur existence. Patrice Hello et ses collègues chercheurs ou ingénieurs du LAL tentent de la confirmer depuis des années, en développant les instruments les plus sensibles du monde. Ils ont ainsi largement contribué à la construction de Virgo, le détecteur européen d'ondes gravitationnelles installé près de Pise, en Italie. Ils étudient et développent notamment des kilomètres de tubes à ultravide [2], dans lesquels circulent des lasers, des composants fondamentaux des détecteurs d'ondes gravitationnelles actuels. Ils appartiennent également à la collaboration LIGO-Virgo, vaste entente scientifique américano-européenne à l'écoute de cette musique cosmique qui échappe à l'humanité depuis des décennies. Nous sommes le 14 septembre 2015 au matin et le signal tant attendu s'apprête à atteindre notre planète. Il va secouer le monde scientifique sur son passage.

11h50 de l'autre côté de l'océan Atlantique. Un instrument scientifique géant installé en Louisiane aux États-Unis mesure, pour la première fois dans l'histoire, une vibration de l'espace. Pendant une fraction de seconde, l'instrument se déforme. Il se rallonge et s'amincit. Puis il se raccourcit et s'élargit. La déformation se répète une dizaine de fois. La même chose se produit sept millisecondes plus tard à 3000 kilomètres de là, dans le détecteur de Hanford, dans l'État de Washington. En Italie, Virgo, le troisième instrument du réseau, est quant à lui en cours de maintenance. Le système d'alerte de LIGO, détecteur américain d'ondes gravitationnelles, se met en branle. Il sélectionne et enregistre l'événement dans la base de données GraceDB.

Trois minutes plus tard, un courrier électronique est envoyé par le programme à un groupe restreint de chercheurs, les sentinelles qui surveillent les analyses en temps réel. À Hanovre, en Allemagne, Marco Drago est le premier à lire le message. Il est chercheur postdoctorant à l'Institut Max-Planck pour la physique gravitationnelle. ***«Action required for GraceDB event: G184098 (burst_cwb_allsky).»*** Le message annonce un événement d'intérêt. Une action est requise. Au début, Marco Drago pense qu'il s'agit d'une fausse alerte. Des signaux artificiels mimant des événements astrophysiques peuvent en effet être «injectés» dans les instruments. Ce type de leurre instrumental permet de tester les procédures, la réactivité des chercheurs mais aussi leur patience. En 2010, lors de l'événement baptisé «Big Dog», un signal intéressant avait été produit par les trois détecteurs d'ondes gravitationnelles de la collaboration LIGO-Virgo. Après de laborieuses vérifications des données et une tout aussi laborieuse rédaction d'article scientifique, la nouvelle était tombée: «Big Dog» n'était qu'une injection test. Marco Drago avait donc des doutes, surtout que le détecteur commençait juste sa prise de données ce jour-là. Après quelques appels téléphoniques de vérification, le chercheur envoie un courrier électronique à tous les collaborateurs de LIGO-Virgo.

12h54. **«Very interesting event on ER8.»** Événement intéressant sur ER8, soit la période de test qui précède la prise de données officielle. Patrice Hello et ses collègues du LAL reviennent de la cantine lorsqu'ils lisent le courrier électronique de la collaboration. *«On s'est dit: "Ça y est, ils ont réussi à injecter les signaux dans le système de contrôle, ils ont enfin réussi à faire leurs injections"»*, se souvient le physicien. Son collègue Nicolas Arnaud se rappelle également ce moment précis: *«Le signal avait l'air trop beau pour être vrai. Il était tellement fort qu'il se voyait à l'œil nu!»* Une heure plus tard, tous les chercheurs de la collaboration reçoivent un nouveau message de Marco Drago: il ne s'agit pas d'un faux signal. Les instruments LIGO sont encore incapables de réaliser des injections aveugles de signaux. Tout a fonctionné correctement et le signal correspondrait à la collision de deux trous noirs. L'événement sera baptisé GW150914, suivant la nomenclature de l'astronomie. Si l'information se confirme, il s'agit d'un double séisme scientifique. C'est la première détection directe d'ondes gravitationnelles et la première détection directe de trous noirs. Ces objets astrophysiques extrêmement compacts possèdent une force gravitationnelle telle que toute chose qui s'en approche de trop près ne peut plus s'extirper de leur attraction, pas même la lumière. Les astronomes sont ainsi incapables de les voir avec des télescopes conventionnels sensibles à la lumière et autres ondes électromagnétiques.

La découverte du siècle?

Désormais, deux tâches se profilent: vérifier que le signal est effectivement d'origine cosmique et s'assurer que la nouvelle ne s'ébruite pas avant la publication des résultats. Il s'agit certainement de la découverte de l'année, peut-être même du siècle. *«Un de nos collègues appartient au comité de détection»*, ajoute Nicolas Arnaud. *«Ce groupe de scientifiques de LIGO et Virgo valide les étapes à*

[1] Unité CNRS/Université Paris-Sud

[2] Il y règne une pression mille milliards de fois plus faible que l'atmosphère.

fig. Vue aérienne de l'instrument Virgo à Cascina, près de Pise en Italie. Chaque bras mesure 3 km.

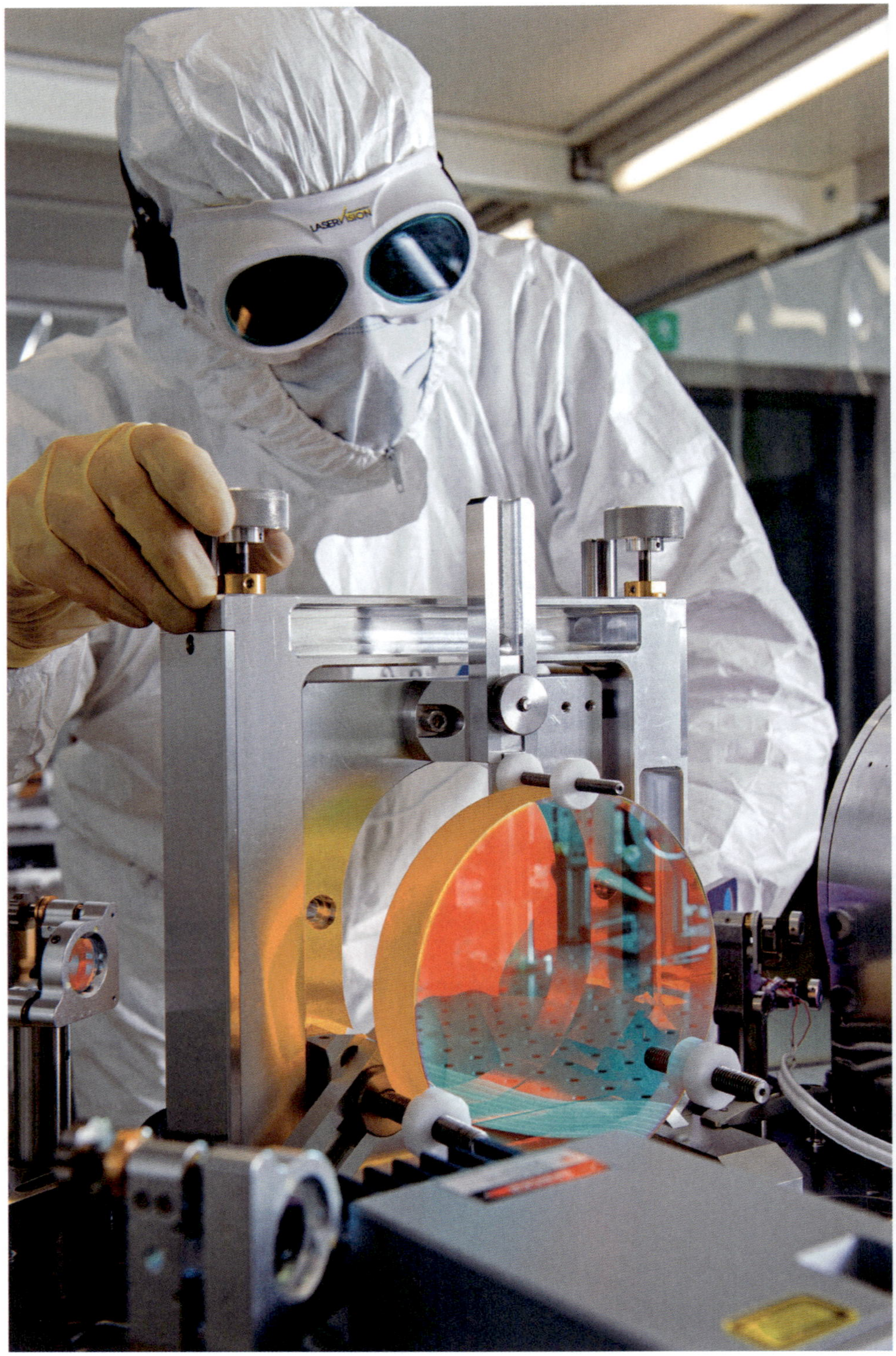

fig. Réglage d'un miroir du télescope d'entrée d'un banc optique de Virgo. Grâce à ce dispositif optique, le faisceau laser de 20 cm de diamètre est réduit à quelques millimètres avant d'être capté par les photodiodes et caméras utilisés pour les contrôles de l'interféromètre.

suivre après la détection d'un signal. » Il faut passer quatre phases de vérification avant d'aboutir à l'article qui sera soumis à une revue scientifique. Patrice Hello évoque une étape « épique » qui mènera à l'écriture d'un des articles scientifiques les plus attendus de la discipline. « *Il fallait vérifier jusqu'au bout que ce n'était pas des artefacts de l'appareil. Ces instruments sont tellement complexes que l'on ne comprend pas complètement le bruit qui accompagne le signal en sortie du détecteur. On a également imaginé des scénarios selon lesquels on avait été victimes d'actes malveillants. Puisque nous sommes capables d'injecter des signaux comme on veut dans le système de contrôle, des hackers auraient-ils pu faire la même chose ? On a fini par se convaincre qu'un tel acte était impossible sans laisser de traces.* »

Reste désormais à organiser l'annonce de la nouvelle au monde entier. Nicolas Arnaud intègre un groupe de chercheurs qui animera la visite de presse du site de Virgo le 11 février, le jour de la publication. Mais d'ici là, il va falloir rester discret.

Un événement cataclysmique

Le signal du 14 septembre aurait été produit par la collision, ou « coalescence », de deux trous noirs d'une trentaine de masses solaires chacun. « *Il faut imaginer ces deux mastodontes qui tournent l'un autour de l'autre 75 fois par seconde alors qu'ils sont séparés par quelques centaines de kilomètres seulement. Leur vitesse commence à approcher celle de la lumière, donc l'espace-temps autour est tout chamboulé. Ces perturbations ont voyagé pendant plus d'un milliard d'années jusqu'à traverser la Terre le 14 septembre vers midi.* » Frédérique Marion travaille au Lapp, le Laboratoire d'Annecy-le-Vieux de physique des particules [3], un des six laboratoires français à participer à Virgo. Elle rejoint l'aventure dès les années 1990 et travaille sur la simulation de l'instrument. Aujourd'hui, elle codirige le comité de détection de la collaboration LIGO-Virgo. « *Les ondes gravitationnelles doivent nous permettre d'observer l'Univers d'une manière totalement nouvelle. Contrairement à ce que l'on est capable de voir avec la lumière, ces ondes émises décrivent la dynamique des masses, ce qui se passe véritablement au cœur des phénomènes astrophysiques.* »

L'Univers gélatineux

L'histoire des ondes gravitationnelles commence en 1915 lorsqu'Albert Einstein publie sa théorie de la relativité générale. Cette année-là, le physicien propose une nouvelle façon de voir le monde qui nous entoure. Sa théorie énonce notamment que la gravitation peut être comprise comme une courbure de l'espace-temps. L'espace et le temps sont intimement imbriqués depuis la théorie de la relativité restreinte publiée en 1905, par Einstein également. Par souci de visualisation, il est commun et plus aisé d'imaginer l'espace-temps comme une membrane élastique tendue. Placez une boule de pétanque sur la membrane et la surface s'enfoncera. L'espace-temps est désormais incurvé et les autres masses qui se déplacent auront tendance à suivre les pentes de la membrane avant de tomber sur la boule de pétanque. Une des conséquences de la relativité générale est que cette membrane (l'espace-temps en réalité) peut vibrer lorsque des masses sont accélérées. Tout comme notre membrane va vibrer si deux boules de pétanque finissent par s'entrechoquer. Dans la réalité, les vibrations se propagent dans toutes les directions à la vitesse de la lumière. Et le milieu de propagation n'est pas fait de matière, c'est l'espace lui-même qui vibre. L'Univers s'apparente ainsi à une sorte de gelée. Et notre gelée cosmique vibre au rythme des phénomènes astrophysiques. Chaque masse accélérée produit des tremblements d'Univers, et pas seulement les phénomènes les plus extrêmes. Un exemple : le système Terre-Soleil perd environ 200 watts par émission d'ondes gravitationnelles, soit la puissance nécessaire pour faire fonctionner la trancheuse à jambon de votre traiteur. Le cataclysme détecté en septembre 2015 a quant à lui libéré une puissance

[3] Unité CNRS/Université Savoie Mont-Blanc

cinquante fois plus importante que toutes les étoiles de l'Univers observable !

Lorsque Einstein finit par admettre la réalité de ces ondes gravitationnelles, il concède toutefois que les vibrations seraient si faibles qu'elles échapperaient à toute tentative de détection. Effectivement, le signal est subtil. La vibration qui a traversé la Terre en septembre 2015 n'a ainsi fait varier les distances que de l'ordre de la taille d'un atome sur la distance Terre-Soleil (150 millions de kilomètres) ! Malgré sa grande capacité de projection, Einstein ne pouvait prévoir les trésors d'ingéniosité mis en œuvre par les scientifiques qui ont suivi ses pas. Afin de comprendre l'incroyable sensibilité d'un détecteur d'ondes gravitationnelles, direction le nord de l'Italie.

Un détecteur franco-italien

La ville de Pise possède une force d'attraction particulière sur les physiciens. Vers 1570, Galilée, père de la science moderne selon certains, y étudie le mouvement de pendules. Il aurait puisé son inspiration dans l'oscillation régulière des lustres de la cathédrale situé sur la Piazza del Duomo. Cette magnifique place est connue dans le monde entier pour sa tour penchée et ses touristes qui tentent, le temps d'une photo, de la redresser. Prenez la route vers le sud-est et, 17 kilomètres plus tard, vous arrivez à la ville de Cascina où se dresse une autre cathédrale. Celle-ci n'est pas construite en pierre, mais en béton pris dans un enchevêtrement vertigineux d'acier inoxydable. Pas de vitraux colorés mais des lasers et des miroirs ultraréfléchissants. Nous sommes le mardi 12 janvier 2016. À l'entrée de Virgo, un vent soutenu met les drapeaux italien et français à rude épreuve. Aujourd'hui, la langue de Molière résonne plus que d'habitude dans les couloirs du site. Une équipe de Français issus de plusieurs laboratoires partenaires prépare l'annonce qui doit être faite dans trente jours. La tension est palpable. L'armure de confidentialité entourant la découverte de septembre commence à se fissurer. Le feu des rumeurs couve depuis des semaines et hier, en fin d'après-midi, le tweet du physicien américain Lawrence M. Krauss est venu souffler sur les braises : *« Ma rumeur précédente à propos de LIGO a été confirmée par des sources indépendantes. Restez à l'écoute ! Les ondes gravitationnelles ont peut-être été détectées ! »* Les médias se glissent dans la brèche, impatients de titrer une fois de plus *« Einstein avait raison ! »* Benoît Mours, responsable scientifique de Virgo pour la France, tente de désamorcer la rumeur avec les médias francophones. Il est au téléphone avec un rédacteur du quotidien *Le Parisien*. *« Pensez-vous qu'une fuite est possible ? »*, interroge le journaliste loin d'être rassasié par les réponses du chercheur. *« Je suis mal placé pour me prononcer sur une fuite, je ne suis pas plombier »*, réplique le physicien qui enchaîne sur la réponse-type prévue pour cette situation : *« Nous collectons beaucoup de données. Nous les analysons et cela prend du temps. Les signaux que nous recherchons sont très faibles. Il faut attendre d'avoir tout collecté pour bien comprendre les choses. Nous essayons d'éviter de faire des erreurs. Ce n'est qu'à la fin de ce long processus que l'on peut être sûr de ce que l'on voit et publier nos résultats... »*

Grand, fin, paré de lunettes et d'un sourire qu'il faut déchiffrer, Benoît Mours parle d'une voix douce qui oblige souvent à tendre l'oreille. Le physicien de 58 ans aime comparer le travail de chercheur à celui d'un enquêteur de série policière. *« Sauf qu'au lieu de travailler avec des cadavres, on travaille avec la matière, la vie et les grandes énigmes de l'Univers. »* Le secret de l'événement, il a su le garder pour lui. *« J'ai passé les fêtes de Noël avec toute ma famille sans rien leur dire. Partager ce secret n'est pas forcément un cadeau. Une fois qu'on le détient, c'est dur de le garder pour soi. »* Benoît Mours travaille sur la quête d'ondes gravitationnelles depuis qu'il a quitté le monde de la physique des particules à la fin des années 1980. *« Le problème, c'est qu'il n'y avait plus de problème, tout se passe comme prévu par le modèle standard. Et*

p.7/14

fig. Câblage d'une baie électronique utilisée pour le contrôle du vide de Virgo. Les détecteurs d'ondes gravitationnelles utilisent les plus grandes enceintes à ultravide du monde.
©C. Frésillon/LaL/CNRS Photothèque

fig. Vue d'artiste de trous noirs juste avant leur coalescence, ou collision

puis l'astronomie, ça fait rêver.» Lors d'une année sabbatique, il part aux États-Unis, où il noue des premiers liens avec les équipes de LIGO. Il leur présentera notamment le format .gwf *(gravitationnal wave frame)* qu'il vient de développer pour standardiser les données produites par les détecteurs. Les Américains sont convaincus: Virgo et LIGO parleront la même langue. En 2007, alors que Benoît Mours est porte-parole du détecteur européen, LIGO et Virgo s'associent de manière plus intime. Les deux équipes partagent leurs données, les traitent ensemble et cosignent toutes les publications scientifiques. Les miroirs qui équipent les détecteurs américains sont les mêmes que ceux de Virgo. Tous ont été traités au Laboratoire des matériaux avancés de Lyon. *«Nous nous réunissons deux fois par an, dont une fois à Pasadena, en Californie. Mais sinon il y a des réunions téléphoniques toutes les semaines.»* La fréquence des échanges entre les deux équipes a considérablement augmenté depuis septembre, surtout depuis les rumeurs.

Les détecteurs de l'extrême

Sur le site de Virgo, Benoît Mours est accompagné, entre autres, de ses collègues Frédérique Marion et Nicolas Arnaud. Ils préparent la conférence de presse qui aura lieu dans moins d'un mois, ce qui va être dit au public *(«Il ne faut pas expliquer les choses avec des puissances de dix, c'est trop compliqué»)* et ce qui va être fait *(«Faut-il faire visiter la salle du laser?»)*. L'équipe quitte le bâtiment des bureaux pour se diriger vers l'instrument à proprement parler. Les détecteurs d'ondes gravitationnelles cumulent les superlatifs. *«Virgo est l'un des plus gros tubes à vide qui existe sur Terre. Il a même un volume d'ultravide supérieur à celui du LHC»*, souligne Gabriel Chardin, le président du comité des Très Grandes Infrastructures de recherche (TGIR). Cet organe du CNRS participe à la gestion des instruments scientifiques géants comme Virgo, ceux du Cern et les grands télescopes tournés vers le cosmos. Vu de l'espace, Virgo dessine un grand L. En gravissant la colline sur laquelle trône un bâtiment central blanc et sans fenêtre, on aperçoit les deux tubes qui s'étirent sur 3 kilomètres chacun. Avec de telles distances et un instrument aussi sensible, la courbure de la Terre devient un paramètre à prendre en compte. Dans chaque tube de 3 kilomètres règne l'ultravide. La construction de Virgo fut une prise de risque sans précédent pour le CNRS et son partenaire italien, l'Institut national de physique nucléaire (INPN). *«Habituellement, il y a un continuum entre les différentes étapes qui mènent à la création d'un très gros instrument»*, détaille Gabriel Chardin. *«Il y a l'émergence, le démarrage des idées, suivi de projets intermédiaires, qui débouchent finalement sur une très grande infrastructure de recherche. Pour Virgo, tout était nouveau, il fallait commencer directement par la construction d'un très gros instrument. La part de risque était forte, mais les études montraient que l'on devait pouvoir y arriver.»* Patrice Hello, du LAL, se rappelle également les balbutiements des débuts. *«Les arguments étaient à la fois scientifiques et techniques. Il fallait construire un grand interféromètre suspendu, avec des lasers à la fois de puissance et stabilisés en amplitude et en fréquence. Ces deux choses sont habituellement antagonistes. Mais on s'est rendu compte que toutes les technologies nécessaires étaient mûres: lasers, optique et technique du vide. Quand on regardait chaque petit défi, cela paraissait possible. La grande difficulté de Virgo était d'assembler et de faire fonctionner ensemble toutes ces technologies de pointe.»* Le principe de Virgo, un grand interféromètre de Michelson, est relativement simple. Un faisceau laser est scindé en deux par un miroir semi-réfléchissant, appelé «séparatrice». Les deux faisceaux produits parcourent alors une certaine distance, sont réfléchis par des miroirs puis recombinés au niveau de la séparatrice. La recombinaison produit des interférences que l'on peut enregistrer avec un capteur. Cette technique a été inventée à la fin du XIXe siècle par

Albert Abraham Michelson et Edward Morley lorsqu'ils ont tenté de démontrer l'existence de l'éther, support supposé de propagation de la lumière. Leur expérience a finalement montré que l'éther n'existait pas et que la lumière conservait une vitesse constante quels que soient les déplacements de l'observateur. Les bras de leur interféromètre mesuraient 10 mètres chacun. Les bras de Virgo mesurent 300 fois plus. *« D'un point de vue technologique, c'est sans commune mesure »*, s'enthousiasme Gabriel Chardin, pourtant habitué des instruments scientifiques les plus puissants et volumineux du monde. *« C'est un dépassement technologique extraordinaire. La précision obtenue par ces interféromètres est gigantesque par rapport à ce qui se faisait avant en termes de recherche d'ondes gravitationnelles. »* La sensibilité extrême de Virgo et LIGO repose sur la taille de l'interféromètre mais aussi sur la stabilité de ses éléments. Les miroirs ultrapolis qui guident les faisceaux lasers doivent être suspendus à des systèmes qui annulent toute vibration qui viendrait du sol. Une colonne de sept stabilisateurs empilés assure que les miroirs et bancs optiques restent les objets les plus immobiles sur Terre. Sans ces précautions, une vague qui percute la côte à des dizaines de kilomètres perturberait la mesure. Le passage d'une onde gravitationnelle, en modifiant la longueur du chemin à parcourir par le laser entre les miroirs, laisse un signal dans l'interférence des deux faisceaux lasers recombinés.

Des signaux à traiter en temps réel

La fréquence et l'amplitude de l'onde gravitationnelle peuvent ensuite être déterminées à partir de ce signal. Puis, de ces deux paramètres, les chercheurs déduisent la nature de l'événement astrophysique à la source de l'émission. *« Les analyses sont faites en temps réel afin de pouvoir envoyer des alertes à des télescopes conventionnels pour détecter un signal électromagnétique, avec de la lumière donc, lié au même événement »*, souligne Frédérique Marion. L'analyse en temps réel se fait en « glissant » des espèces de calques numériques sur les données produites en continu par les instruments. *« Pour la recherche de signaux provoqués par la collision de trous noirs ou étoiles à neutrons, on peut s'appuyer sur nos prédictions. Si on connaît les masses des astres, on peut prédire le signal qui va être produit. La difficulté, c'est que le signal que l'on cherche dépend de la masse des objets que l'on ne connaît pas a priori. Cela veut donc dire qu'il faut balayer tout l'espace des paramètres pour rechercher plein de signaux différents correspondant à plein de paramètres différents. »*

La création des centaines de milliers de calques qui balayent les données de Virgo et LIGO représente un travail colossal, appuie Patrice Hello : *« On peut considérer que c'est une grande découverte en soi. Résoudre numériquement les équations de la relativité générale est très compliqué. Il nous a fallu des supercalculateurs et des méthodes numériques très sophistiquées. »* Cette difficulté provient du caractère non linéaire de la relativité générale, explique Frédérique Marion : *« La masse influe sur l'espace qui est autour d'elle mais en même temps, c'est l'espace, sa courbure, qui va dire à la masse comment elle doit se déplacer. Donc il y a un effet qui se mord la queue. Et ces effets non linéaires sont d'autant plus forts dans des conditions extrêmes, comme dans le cas des trous noirs. »*

Une nouvelle fenêtre sur l'Univers

La visite de Virgo touche à sa fin pour les équipes françaises. Après un passage à l'extrémité du bras ouest, Nicolas Arnaud revient vers le bâtiment central de la séparatrice au volant d'une voiturette électrique *« qui sert surtout lors de la visite des journalistes »*. À sa gauche défile le tube à vide de 3 kilomètres dans lequel circule le laser. *« Virgo est un instrument gigantesque, donc on éprouve à la fois un sentiment de grandeur et une humilité liée au fait que l'on est très nombreux à y contribuer. Que l'on travaille dans l'électronique, dans le contrôle du vide, dans l'informatique, dans l'analyse*

fig. Les composants les plus sensibles (miroirs, caméras, photodiodes) de Virgo doivent être mis sous ultravide et suspendus pour compenser les vibrations les plus infimes de la croûte terrestre. Les derniers réglages avant la mise sous ultravide doivent être faits dans des conditions extrêmes de propreté.
©C. Frésillon/Virgo/CNRS Photothèque

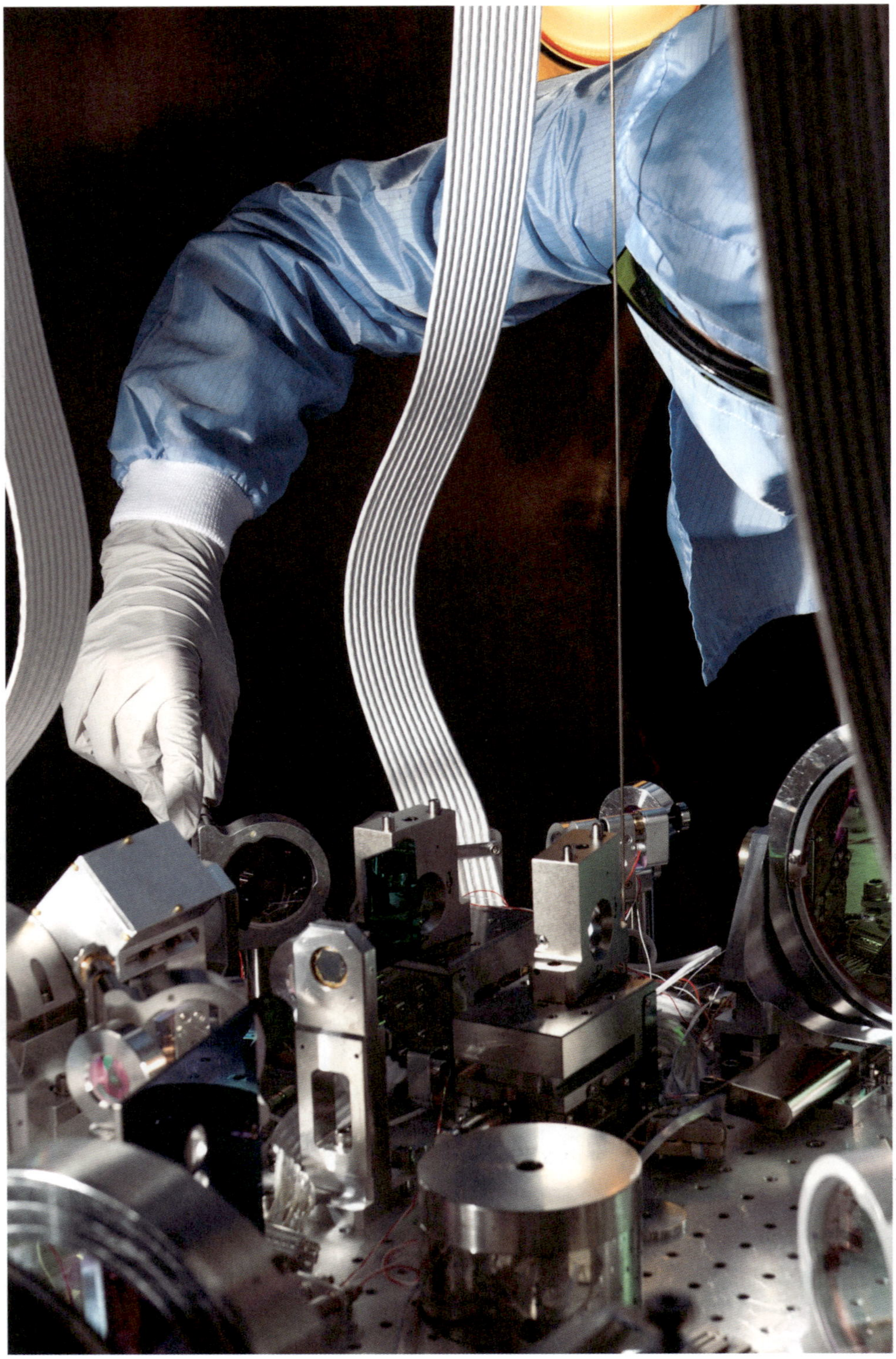

fig. Le signal gravitationnel est détectable au niveau de cette table optique du bâtiment central de Virgo, qui mesure l'interférence des deux faisceaux laser recombinés après leur passage dans les bras de 3 km.

des données, dans l'instrumentation, chacun apporte sa propre pierre. Et voir que toutes ces volontés, ces activités convergent vers un seul et même but, je trouve cela très beau.»

L'annonce

11 février 2016. La découverte va être annoncée simultanément à Washington DC, au siège du CNRS à Paris et sur le site de Virgo en Italie. Nicolas Arnaud débute la visite du site italien avec des journalistes triés sur le volet. Benoît Mours et Frédérique Marion sont assis à la table des intervenants au CNRS face à un parterre de caméras, de calepins et de micros. *«Je vis un mélange de tension, d'émotion et de soulagement de pouvoir enfin partager ce secret avec le monde»*, confie Frédérique Marion. Tous les sites sont reliés par visioconférence et des serveurs dédiés retransmettent l'événement en direct. Un record de connexions fait d'ailleurs tomber quatre serveurs du centre de calcul.

Après quelques balbutiements techniques, la conférence peut commencer. La parole est donnée en premier aux Américains. Ce sont leurs instruments qui ont fait la détection. Le directeur du LIGO, David Reitze, prend la parole sous les applaudissements: *«We did it!»* Fulvio Ricci, porte-parole de Virgo, enchaîne depuis Cascina, en Italie. *«C'est un cap crucial pour la physique, mais, plus important encore, il s'agit du début d'un longue série de nouvelles découvertes excitantes à faire avec LIGO et Virgo.»*

Après les ondes électromagnétiques (lumière, ondes radio, rayons X...), qui ont permis aux astronomes d'observer des phénomènes et des objets cosmiques de plus en plus éloignés, les ondes gravitationnelles vont désormais permettre d'étudier des événements extrêmes et de remonter plus loin dans l'histoire de l'Univers. Le détecteur Virgo redémarrera bientôt avec une sensibilité plus poussée. Grâce aux trois instruments de la collaboration LIGO-Virgo, la communauté scientifique disposera alors d'un observatoire gravitationnel capable d'identifier et de localiser encore plus précisément les sources de ces précieuses ondes. L'ère de l'astronomie gravitationnelle est née. ◀

à voir https://lejournal.cnrs.fr/videos/ondes-gravitationnelles-les-detecteurs-de-lextreme

fig. Intérieur du bras ouest de 3 km dans lequel circule l'un des deux faisceaux laser de Virgo. Un deuxième bras perpendiculaire à celui-ci permet la propagation d'un second faisceau. Chaque galerie contient un tube à ultra-vide de 120 cm de diamètre

« L'imaginaire est au cœur de nos rapports sociaux »

Maurice Godelier

Rencontre avec un anthropologue de renommée mondiale, Maurice Godelier, qui a passé de nombreuses années auprès des Baruya de Papouasie-Nouvelle-Guinée. À 82 ans, il est l'auteur de travaux majeurs, sur les sociétés tribales, la parenté ou la domination masculine, qui lui ont valu la Médaille d'or du CNRS en 2001.

entretien réalisé par Stéphanie Arc
lieu son domicile, à Paris
mots-clés Baruya, mythes, Lévi-Strauss, rituels

Au tout début de *L'Imaginé, l'Imaginaire et le Symbolique*, votre dernier essai, vous écrivez que *« tout ce qui est imaginé n'est pas imaginaire »*. Faut-il voir là l'origine de votre réflexion ?

Maurice Godelier: Oui, c'est l'un des points de départ de mon analyse. Au cours de ma carrière d'anthropologue, j'ai fréquenté un grand nombre de sociétés différentes, tribales ou non, et j'ai pu constater que, partout, des mondes imaginaires tels que les mythes donnent naissance à des réalités sociales concrètes. Qu'ils soient au fondement des religions ou des systèmes politiques, ces mythes sont transformés par les hommes en monuments, en rites, en institutions, en rapports entre les individus... Autrement dit, les conséquences de ces représentations ne sont jamais imaginaires, ni seulement symboliques. Je pourrais l'illustrer dans toutes les sociétés. Dans les États islamiques (Iran, Arabie Saoudite, etc.), les lois sont fondées sur la Charia, loi divine telle qu'on la lit dans le Coran et que l'on doit respecter avant même de l'interpréter ; les rois et chefs d'État ne gouvernent qu'en accord avec ces préceptes ; autre exemple, même phénomène : dans certaines tribus, comme les Baruya de Nouvelle-Guinée, la propriété par certains clans d'objets sacrés et de formules qui en mettent en œuvre les pouvoirs élèvent ces clans au-dessus des autres. L'imaginaire politico-religieux engendre, en se transformant, le cadre de la vie ordinaire des gens au sein de leur société. Pourtant, cette dimension *(« tout ce qui est imaginé n'est pas imaginaire »)* n'avait été, à ma connaissance, évoquée ni par les anthropologues ni par les philosophes. Si Sartre traite de l'imaginaire artistique dans son livre sur *L'Imaginaire* (1940), il ne fait étrangement aucune mention de l'imaginaire des religions et des systèmes politiques. Un imaginaire qui s'avère pourtant fondamental: parce que la religion donne des réponses globales à des questions existentielles («D'où venons-nous?», «Qui sommes-nous?», «Où allons-nous?»), elle est «contagieuse». En tout cas plus que la science, qui, elle, apporte des réponses partielles et formule de nouvelles questions à chaque nouvelle réponse...

En lien avec l'imaginaire et l'imaginé, vous évoquez le symbolique. En quoi ce concept était-il important dans votre réflexion?

M. Godelier: D'abord, j'en avais assez que cette notion soit utilisée à tort et à travers par les philosophes et les anthropologues. J'ai donc eu à cœur de redéfinir clairement pour moi-même cette fonction, qui est capitale: elle est en effet la source de toutes les formes possibles qui permettent aux humains de signifier ce qu'ils pensent et font, ou ce qu'ils ne pensent pas et ne font pas. Cette capacité par laquelle nous produisons et comprenons des signes qui font sens est d'ailleurs chez nous génétiquement programmée; de même, la capacité d'apprendre un langage articulé est inscrite dans notre code génétique et dispose d'une base neuronale propre. Le symbolique est donc partout: dans le langage bien sûr, car les mots sont des symboles (ils renvoient à autre chose qu'eux-mêmes), mais aussi dans toute forme d'activité et de pensée humaine, bien que le contenu et le rôle des symboles diffèrent selon qu'il s'agisse des mathématiques, de l'art, de la religion... Ce qui est sûr, c'est qu'il ne peut exister de religion, de régime de pouvoir ou de rapports de parenté sans le support d'éléments symboliques. Pas de système politique sans palais ou grande case du chef, sans hymne national ou Constitution, pas de religion sans lieux de culte, sans prières ou invocations, sans icônes ou masques sacrés destinés non pas à représenter les dieux ou les esprits, mais bien à les rendre présents, et donc réels. À ce titre, le symbolique est indissociable du réel, de l'imaginaire et de l'imaginé, et c'est pourquoi il est important de penser ces notions ensemble.

En cela, vous vous distinguez de la pensée de l'anthropologue Claude Lévi-Strauss [1], selon lequel *«le réel, le symbolique et l'imaginaire»* sont *«trois ordres séparés»*?

M. Godelier: Précisément. J'ai tenu à montrer que si ces composantes sont évidemment distinctes, elles sont bel et bien inséparables. J'ai également prolongé sa pensée en montrant que tous les rapports sociaux contiennent des noyaux imaginaires. C'est ainsi le cas des rapports de parenté. Lévi-Strauss a permis un progrès considérable en découvrant les logiques universelles qui organisent la parenté: les principes de descendance (à qui appartiennent les enfants qui naissent des alliances?), les règles de mariage (avec qui suis-je autorisé.e à me marier?) et la prohibition de l'inceste. Mais il n'a pas commenté le fait que ces principes de descendance sont totalement contre-intuitifs: affirmer que les humains «descendent» les uns des autres par les hommes seulement (modes patrilinéaires) ou par les femmes seulement (modes matrilinéaires) est purement imaginaire. Or ces postulats sont fondamentaux en ce qu'ils créent et organisent des groupes et des rapports sociaux tels les clans, les lignages, etc.: ils déterminent par exemple l'appropriation des enfants qui naissent des unions, ou les droits et devoirs des parents selon qu'ils sont du côté du père ou de la mère.

En révélant ces «noyaux imaginaires» au cœur des rapports sociaux, votre travail de recherche permet-il de dévoiler «l'origine de l'inégalité parmi les hommes»?

M. Godelier: En quelque sorte, d'où l'intérêt d'examiner avec les archéologues et les historiens la naissance des premières formes d'État.

[1] *Lévi-Strauss*, Maurice Godelier, Seuil, 2013

fig. Maurice Godelier, à son domicile parisien, en avril 2016

D'abord, je pense qu'il n'y a pas domination d'une minorité des individus sur les autres sans recours à la violence, même s'il ne s'agit que d'une menace potentielle. Ensuite, je formule l'hypothèse que cette violence, aussi importante soit-elle, a moins pesé que l'imaginaire collectif dans ces processus historiques qui ont pu susciter des raisons de consentir, d'accepter ces pouvoirs. Il faut en effet rappeler que, pendant des millénaires, de l'Orient à l'Occident, les formes de pouvoir politique étaient liées, voire fusionnées, à la religion, et elles le sont encore dans un grand nombre de pays. Ce sont les mythes et les croyances qui expliquaient et légitimaient l'autorité exercée par quelques hommes, descendants des dieux ou dieux eux-mêmes, sur les autres : dans le corps et la personne de certains humains se trouvaient présents des pouvoirs qui, du moins le croyait-on, étaient utiles aux intérêts de tous. Il est donc légitime de servir ceux qui servent le reste des humains. Conclusion : il n'y a pas de rapports de domination sans une combinaison de violence et de consentement. Dans l'Égypte ancienne, par exemple, selon la philosophie pharaonique, le Pharaon, dieu parmi les hommes, dispensait le souffle vital, le Kha, aux êtres vivants, humains et animaux ; tous lui étaient donc en dette de leur vie et lui devaient obéissance totale, les produits de leur travail et leur vie même. En retour, le Pharaon était censé leur garantir prospérité, justice et victoire contre les ennemis. Ni plus ni moins que ce que promettent les discours de nos dirigeants politiques actuels qui évoquent le plein-emploi, la justice sociale et la sécurité.

Vous montrez par ailleurs que deux logiques différentes, apparemment contradictoires, cœxistent dans l'esprit humain…

M. Godelier : En effet, après avoir opéré une distinction entre l'imaginé qui est imaginaire et l'imaginé qui ne l'est pas, je souhaitais analyser comment et pourquoi dans certains domaines la pensée les produit. Autrement dit, comment fonctionnent ces deux logiques de l'esprit humain, qui sont des invariants fondamentaux : l'une qui distingue le possible de l'impossible et l'autre qui rend possible l'impossible, voire où l'impossible rend compte du possible. La première logique se manifeste dans deux types d'activités universelles : le jeu et l'art. Dès 2 ans, l'enfant se met à jouer en sachant qu'il joue : en imitant des situations réelles, il invente un monde imaginaire auquel il « fait semblant » de croire. À tout âge, pour jouer (au poker, au tennis…), il faut inventer un contexte distinct du quotidien, un espace-temps « irréel », qui demeure encadré par le réel de la vie sociale : après la partie, chacun retourne à ses obligations. L'imaginé du jeu est ainsi confronté à une réalité qui n'est pas la sienne et qui détermine les frontières entre le possible et l'impossible. De la même façon dans le domaine de l'art, qu'il s'agisse d'un roman ou d'un tableau, une œuvre offre un monde virtuel temporaire, qui est et ne peut être autre chose qu'irréel. Nul ne croit ainsi que la Joconde va descendre de son tableau… Toutefois, dans la seconde logique, celle des mythes fondateurs des systèmes religieux et politiques, ce qui est imaginé n'est jamais pensé ni vécu comme imaginaire par ceux qui y croient. Cet imaginé-là est même sur-réel : plus réel que les réalités quotidiennes. Et cela tient à la croyance. Croire, c'est poser une idée ou un jugement comme vrais, même si l'on a des preuves du contraire ou que l'on n'a aucune preuve…

Ce vingt-deuxième ouvrage, qui évoque un certain nombre de conclusions de vos travaux précédents, s'apparente-t-il à une synthèse de votre œuvre ?

M. Godelier : Plus exactement, j'ai voulu faire le point pour moi-même sur les questions difficiles que nous avons mentionnées en mobilisant mes connaissances anthropologiques et historiques. J'ai ainsi renoué avec plaisir avec la philosophie, dont je suis agrégé, et avec la psychologie, des disciplines que j'ai longtemps laissées de côté car le travail d'anthropologue implique avant tout d'écouter les autres et de se décentrer de

soi-même. Pour mettre en évidence l'imaginaire des religions, je me suis par exemple servi des conclusions de ma précédente étude sur les représentations de la mort[2]. À l'occasion de cette recherche, j'avais demandé à treize de mes collègues, historiens et anthropologues, d'évoquer la mort dans leur domaine de connaissance (à Rome et dans la Grèce antique, au Moyen Âge chrétien, dans la Chine et l'Inde contemporaines ou chez les aborigènes d'Australie), c'est-à-dire à plusieurs époques et dans différentes sociétés (société à État ou tribale, société antique/médiévale...). Et en comparant ces représentations, j'ai constaté que toutes les religions, qu'elles soient polythéistes ou monothéistes, considèrent qu'il y a une vie après la mort. J'en ai donc déduit que, dans toutes les religions, la mort ne s'oppose pas à la vie, mais bien qu'elle s'oppose à la naissance. La mort consiste en la disjonction des éléments, le corps et l'âme/l'esprit/les esprits, que la naissance a réunis. Outre cet invariant universel, j'ai isolé une distinction fondamentale entre les religions selon qu'elles postulent ou non l'existence d'un jugement des humains après leur mort. En effet, dans les sociétés tribales qui n'ont pas été christianisées ou islamisées, tous les humains jouissent après la mort de la même vie (sans travail, sans maladie...), quels que soient les actes qu'ils ont commis au cours de leur existence, tandis que, dans les religions monothéistes (christianisme, judaïsme, islam), ainsi que dans l'hindouisme et le bouddhisme, ils sont jugés après leur mort respectivement selon leurs vices et vertus ou selon leurs mérites et démérites. Une autre distinction intervient alors entre les religions monothéistes, selon lesquelles les êtres peuvent être sauvés du péché (religions du salut), et les religions dans lesquelles les êtres peuvent être délivrés des douleurs de la vie (religions de la délivrance), lorsqu'ils parviennent à sortir de la « roue des renaissances ». Dans l'hindouisme, l'individu devient alors un ancêtre et vit auprès des dieux, dans le bouddhisme, il disparaît, s'éteint dans le nirvana.

fig. En juin 1979, à Wonenara (Papouasie-Nouvelle-Guinée), quelques jours avant le début des cérémonies muka (premier stade des rites masculins), Maurice Godelier discute avec les experts des rituels Baruya de l'utilisation des images tournées par son collègue Ian Dunlop. ©P.Lemonnier

[2] *La Mort et ses au-delà*, CNRS Éditions, 2014

Vous êtes régulièrement sollicité par les médias pour vos travaux sur la parenté, notamment lorsqu'il est question du mariage pour tous ou d'homoparentalité... Quel éclairage l'anthropologie peut-elle apporter sur ces sujets ?

M. Godelier: En comparant un très grand nombre de données sur les systèmes de parenté [3], j'ai pu démontrer une chose fondamentale : nulle part, la famille et les rapports de parenté ne constituent le fondement de la société. Et, contrairement à ce que pensait Lévi-Strauss, cela vaut aussi pour les sociétés dites primitives (parce que sans classes, sans État), où tous les groupes de parenté se plient à certains phénomènes collectifs, tels que les initiations. Mais parce que cet invariant contredit une pseudo-évidence scientifique qui conforte une croyance populaire, il a déplu à certains anthropologues, comme aux chantres de la famille « traditionnelle ». Mais alors qu'est-ce qui fait société, si ce n'est la parenté ? Ce sont les rapports politico-religieux, parce qu'ils établissent la souveraineté de groupes, castes ou autres, sur un territoire, sur ses ressources et sur ses habitants. Certes, la famille est bien le fondement de l'identité et de la formation premières des individus, il ne s'agit pas de le contester. Mais quelles sont les fonctions de la parentalité ? Donner un nom à l'enfant qui, sans cela, n'existe pas ; nourrir l'enfant pour qu'il survive, lui apprendre à marcher, à parler... ; lui apporter le *care:* protection, amour et soin. Et cela, tous les couples de parents, homos ou hétéros, non contents de pouvoir le faire, y sont obligés par la loi. De plus, lorsque l'on étudie l'évolution des formes de parenté contemporaines des sociétés occidentales, on confirme qu'il est absurde de se scandaliser : la famille change sans que la société ne disparaisse...

Dans *L'Énigme du don* [4], vous avez attiré l'attention sur une catégorie d'objets qui avait échappé à Marcel Mauss et à Claude Lévi-Strauss...

M. Godelier: En effet, j'ai montré que l'on peut distinguer trois catégories d'objets dans toute société, et non deux seulement : les objets que l'on

fig. Maurice Godelier a passé sept années auprès des Baruya.

[3] *Métamorphoses de la parenté*, Fayard, 2004
[4] *L'Énigme du don*, Fayard, 1996

vend, qui se détachent complètement de leur vendeur, et sont donc aliénables et aliénés; les objets que l'on donne, qui restent inaliénés dans la mesure où quelque chose de leur donateur reste attaché à eux, créant pour celui qui les reçoit l'obligation de donner en retour; et, enfin, les objets que l'on ne peut ni vendre ni donner, mais que l'on doit conserver pour les transmettre. Cette dernière catégorie, qui n'avait pas été théorisée comme telle par les anthropologues, désigne les objets sacrés, qu'il s'agisse d'objets religieux ou bien de la Constitution des régimes démocratiques par exemple. Ces objets sont d'autant plus importants qu'ils constituent les supports du système social, et même les identités des individus qui en sont membres.

Synthèse de vos sept ans de terrain chez les Baruya, *La Production des grands hommes* [5], récompensé par l'Académie française en 1982, déconstruit les mécanismes d'un système de domination masculine particulièrement affirmé. Pouvez-vous revenir sur cet apport majeur à l'anthropologie?

M. Godelier: En tout, je suis resté sept ans chez les Baruya, à partir de 1967, et j'ai pu faire un terrain dans une société où les structures sociales anciennes étaient encore en place. Ce fut une immense chance! Dans cette étude, j'ai montré que, même dans les sociétés sans caste et sans classe, il y a domination masculine. J'ai mis en évidence une série de représentations et de pratiques destinées à construire la domination des hommes sur les femmes et sur les jeunes, clé de l'organisation sociale. Certains rituels servent en effet à «empêcher» les femmes de «récupérer leurs pouvoirs premiers» car, selon les mythes des Baruya, elles étaient à l'origine plus puissantes que les hommes: outre le fait qu'elles ont la capacité d'enfanter, ce sont elles qui ont inventé les arcs, les vêtements, les flûtes... – nous dirions la «culture»; les hommes leur ont donc «volé leurs pouvoirs» et font en sorte de les conserver... Ils affirment ainsi que l'utérus n'est qu'un sac où l'homme dépose son sperme et conçoit les enfants avec l'aide du Soleil. Les initiations masculines sont destinées à «réenfanter» les garçons, mais hors du ventre de leur mère. De jeunes hommes supposés vierges de tout rapport sexuel avec une femme inséminent par fellation les initiés. Dans une telle société, dite patrilinéaire, les femmes n'héritent pas de la terre et ne peuvent pas porter les armes, instruments nécessaires du pouvoir. Ce sont là les véritables enjeux et ils ne sont pas imaginaires.

***«L'Humanité pourra-t-elle un jour cesser d'inventer des mondes qui n'existent pas pour créer des mondes où elle continuera d'exister?»*, demandez-vous à la fin de votre dernier livre...**

M. Godelier: J'ai bien peur que ma réponse soit négative et que ni vous ni moi ne connaissions un jour le paradis sur terre, un monde libéré de la violence, des inégalités... Les régimes sociaux inégalitaires ne peuvent pas exister sans des légitimations imaginaires, mais on ne peut pas dissiper simplement les croyances, tout comme le vent chasse les nuages. La croyance est un phénomène difficile à déraciner, si ce n'est indéracinable. Toutefois, le rôle de la formation et de l'éducation des individus est fondamental. L'école peut permettre d'interroger les idées que l'on tient pour vraies. Si la raison scientifique n'est pas contagieuse, elle apprend aux individus à prendre une distance critique, avant de se tuer entre eux. La pratique de la critique (retourner à la racine, comprendre les enjeux avoués et inavoués d'un système) donne des citoyens plus conscients de la vie, de leur responsabilité, de leur conduite.

à lire *L'Imaginé, l'Imaginaire et le Symbolique*, Maurice Godelier, CNRS Éditions, novembre 2015, 286 p., 19 €

[5] *La Production des grands hommes. Pouvoir et domination masculine chez les Baruya de Nouvelle-Guinée*, Fayard, 1982

320 kilomètres à travers la jungle

date printemps 2015
lieu forêt amazonienne, Guyane et Brésil
l'auteur L'esprit aventurier, François-Michel Le Tourneau est géographe au Centre de recherche et de documentation sur les Amériques (Creda)[1]. Ses recherches portent sur les usages du territoire chez les populations traditionnelles amazoniennes et sur leurs changements récents, ainsi que sur les frontières de l'Amazonie brésilienne. Il a mené de nombreuses missions et expéditions sur le terrain.
à lire lejournal.cnrs.fr/nos-blogs/en-direct-du-raid-des-sept-bornes

[1] **Unité CNRS/Université Sorbonne Nouvelle Paris 3**

Au printemps 2015, le géographe François-Michel Le Tourneau et son équipe du raid des sept bornes ont réalisé une grande première : suivre à pied les 320 kilomètres de frontière terrestre entre la Guyane et le Brésil. Revivez cette aventure scientifique grâce au carnet d'expédition que le chercheur a tenu durant son périple au cœur de la forêt amazonienne.

#01 | 19.05.2015 – **Bientôt le départ…**

Le compte à rebours a commencé. Plus que deux semaines avant de prendre l'avion et de m'embarquer avec toute l'équipe pour notre grand défi : parcourir à pied les 320 kilomètres de la frontière sèche qui sépare la Guyane française du Brésil. Une première dans l'histoire mouvementée de ce tracé.

Fixée en 1900 par un arbitrage de la Suisse, la frontière entre la Guyane et le Brésil se compose de deux tronçons : tout d'abord le fleuve Oyapock, de son embouchure à sa source ; puis la frontière sèche, constituée par la ligne de partage des eaux entre la source de l'Oyapock et le point de Trijonction Brésil/Surinam/Guyane française. Du fait de son isolement, cette dernière a été tardivement reconnue et matérialisée. Ce n'est que durant les années 1950 et 1960 que des missions coordonnées par l'Institut géographique national (IGN) y ont installé sept bornes en ciment.

Ces bornes traversent d'est en ouest la région des monts Tumuc-Humac, dont la difficulté d'accès a longtemps à la fois empêché les explorations et enfiévré les imaginations. Bien que peu élevé, le relief y est un obstacle redoutable. Il nous faudra affronter la répétition des innombrables collines et encaisser près de 15 000 mètres de dénivelé pour atteindre notre objectif : effectuer la traversée est-ouest de la région des Tumuc-Humac en un seul parcours, de la borne de Trijonction à la borne 7, et réaliser la première coupe longitudinale de cette région frontalière. Organisé avec l'aide de la Légion étrangère, ce raid représente une première sur le plan sportif et humain. Il sera mené par une équipe de vingt personnes : six scientifiques et quatorze légionnaires du 3e Régiment étranger d'infanterie (REI).

Les objectifs scientifiques sont multiples : tout d'abord, effectuer une « reconnaissance géographique » de la région de la frontière, en confrontant systématiquement les documents actuels avec les éléments donnés par les explorateurs du passé ; préciser certains tronçons de la ligne de frontière, en déterminant notamment le sens de

PARC AMAZONIEN DE GUYANE
Zone libre adhésion
Papaïchton
Montagnes Bellevue de l'Inini
PARC AMAZONIEN DE GUYANE
Cœur de Parc
PARC AMAZONIEN DE GUYANE
Zone libre adhésion
SURINAME
PARC AMAZONIEN DE GUYANE
Cœur de Parc
Massif du Mitaraka
Pic Coudreau
Mont Amana
BRÉSIL

drainage dans certaines zones ; réaliser des inventaires rapides de la flore, caractériser les différences qui apparaissent dans la composition de la forêt tout au long de la ligne frontière et détecter les espèces qui pourraient être le témoin d'une occupation humaine passée ; enfin, décrire les conditions actuelles de la région frontalière, en insistant sur les traces de passage humain (Amérindiens, orpailleurs, etc.) ou au contraire sur leur absence.

Le groupe parcourra environ 10 kilomètres par jour. Il n'existe bien sûr aucun sentier, si bien que nous devrons nous frayer un chemin dans la forêt dense. À chaque borne, l'équipe montera un campement plus important afin de stationner une journée entière pour effectuer les relevés botaniques et rafraîchir les clairières. Afin de ne pas surcharger les sacs, des ravitaillements seront positionnés sur les bornes par hélicoptère.

Le défi n'est pas mince. Si les légionnaires sont entraînés, il me faut aussi me préparer et bâtir la confiance entre eux et moi. Car, même si j'ai quelques expéditions au compteur, comment peuvent-ils savoir si je serai à la hauteur de l'expédition ? La solution m'a semblé évidente : d'abord le Centre national d'entraînement commando (Cnec) avec lequel j'ai participé à deux stages intensifs, l'un sur la survie et l'autre sur les techniques commandos. Ensuite la Légion elle-même et son Centre d'entraînement de la forêt équatoriale (Cefe) au sein duquel j'ai effectué un stage en novembre.

Avec ces nouveaux tampons sur mon carnet, je suis fin prêt. Mais cela sera-t-il suffisant ?

#02 | 26.05.2015 – **Derniers préparatifs**

J-7 avant le départ pour Cayenne. C'est le moment de terminer les préparatifs. Il y a un peu de gestion des ressources humaines. Il faut faire en sorte que tous les membres de l'équipe civile soient là en temps et en heure, prévoir les lieux d'arrivée et les rendez-vous. Les deux guides brésiliens qui nous accompagneront, Edinho et Preto, sont encore dans la forêt, occupés à la collecte de la noix du Brésil. William Milliken, le botaniste de Kew Gardens, est lui au fin fond de son Écosse natale, pas plus joignable que les deux Brésiliens (apparemment le réseau de téléphonie mobile rencontre les mêmes obstacles dans les forêts d'Amazonie et les montagnes d'Écosse…). Croisons les doigts ! Tout le monde doit se retrouver le 1er juin à Cayenne. De leur côté, les légionnaires ont maintenant constitué leur équipe, solide et expérimentée. Onze d'entre eux effectueront comme moi le parcours dans son intégralité. J'ai pu échanger avec l'adjudant Christophe, qui les commandera. Il a défini avec une limpidité toute légionnaire la philosophie de notre marche: « Pas de pitié. » On ne saurait être plus clair.

Il faut aussi terminer de caler la logistique: fixer le rendez-vous avec les pilotes et les pirogues pour la remontée du Maroni, régler le détail des ravitaillements qui seront déposés par l'armée de l'air…

Le reste des préparatifs concerne le matériel. Joie et bonheur, le groupe électrogène miniature est arrivé dans les temps! Nous pourrons bien travailler et utiliser l'ordinateur sans trop compter. Mais cela aura aussi un revers: 10 kilos de groupe et 2 litres d'essence à prévoir par jour. L'équipe va devoir porter lourd. Nous comptons sur la bonne volonté des légionnaires…

J'ai fait imprimer deux jeux de cartes, entre lesquelles il y a des incohérences: une rivière, la crique, coule par exemple soit vers l'ouest, soit vers l'est, en fonction des cartes. Il faut vérifier ce point.

Ensuite, je dois commencer à faire mon sac et affronter des choix déchirants: un panneau solaire pour pallier une défaillance éventuelle du groupe électrogène? (Non, pas de soleil sous la canopée.) Un hamac de rechange au cas où? (Oui, je suis paranoïaque, et 900 grammes en plus!) Une ou deux chemises de réserve? (Je ne sais pas…) Deux ou trois aliments pour varier les rations lyophilisées? (Euh…) Combien de paires de chaussettes? (J'en suis à trois mais je sens que je vais augmenter…) Corneille, tu n'étais qu'un risible!

Le poids du sac est un juge implacable. Déjà 22 kilos… et ce sans les 3 litres d'eau et les 7 à 10 kilos de nourriture. Sans, non plus, les équipements que j'aurai sur moi (machette, appareil photo, carnet, deux GPS…, ce qui fait au moins 3 kilos). Il va falloir alléger ! Dernier choix, bien sûr crucial: un peu de littérature pour relâcher l'esprit au bivouac de temps en temps. J'ai du mal à voyager sans Pléiade, même si c'est infiniment plus lourd qu'une petite liseuse électronique. Pas encore totalement arrêté mon choix, mais Camus tient la corde. Ou alors le deuxième tome des romans de Hugo?

#03 | 2.06.2015 – **Les sept bornes ? Koh-Lanta… en pire !**

Aujourd'hui, toute l'équipe est transférée par hélicoptère de Cayenne à Maripasoula. Nous allons ensuite faire trois à quatre jours de pirogue sur le fleuve Maroni pour rejoindre le véritable point de départ de notre expédition : la fameuse borne de Trijonction. C'est là que l'aventure commence vraiment ! Et aujourd'hui, le défi me semble hors du commun...

C'est loin. La zone dans laquelle l'expédition va se dérouler, la frontière sud de la Guyane française, est très isolée. Elle se trouve à plus de 150 kilomètres à vol d'oiseau des villes de Maripasoula, Saül ou Camopi, et il n'existe aucune route dans cet espace. Après avoir rejoint la borne de Trijonction, nous n'aurons pas d'autre choix que de marcher à travers la forêt dense pour suivre la ligne de partage des eaux.

C'est très vallonné. La région de la frontière se trouve au cœur des monts Tumuc-Humac. Même si ce ne sont pas les montagnes fantasmées par certains explorateurs, il s'agit d'une myriade de collines, si bien que la répétition des montées et des descentes finit par représenter un dénivelé très substantiel : environ 15 000 mètres de dénivelé positif et autant en négatif... De quoi entamer sacrément nos genoux !

C'est en forêt amazonienne. La progression en forêt dense est bien plus lente qu'ailleurs. Un groupe entraîné peut espérer progresser à 1 km/h de moyenne, guère plus. Et lorsque l'on tombe dans les marais à palmiers wassaï, la vitesse chute encore, on met parfois plus d'une heure pour franchir quelques centaines de mètres où l'on s'enfonce jusqu'aux genoux. Enfin, la pluie rend les pentes extrêmement glissantes, les marais encore plus boueux...

C'est long. Il nous faudra près de sept semaines pour parcourir la ligne des sept bornes. Or rester longtemps en forêt est un effort important à cause de l'humidité (plus de 99 % de taux d'hygrométrie) qui implique que nos vêtements lavés le soir seront encore mouillés le lendemain matin, des insectes, des petites plaies qui s'infectent et des mycoses au pied quoi qu'on fasse pour l'éviter.

C'est lourd ! L'équipe doit porter sur son dos la nourriture destinée à couvrir la distance entre chaque borne où un ravitaillement est prévu (soit cinq jours environ), mais aussi du matériel pour faire face aux imprévus : tronçonneuse, essence et explosifs pour ouvrir une aire où poser un hélicoptère, bivouacs, batteries, radios pour les communications, soit 25 kilos de charge par personne au minimum.

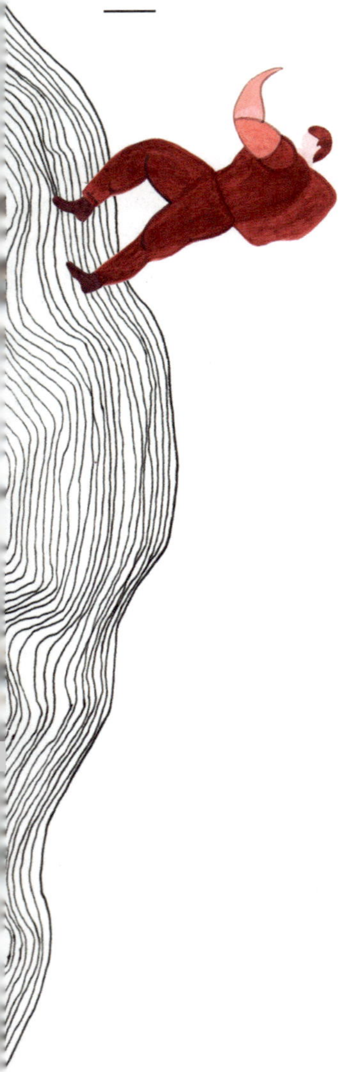

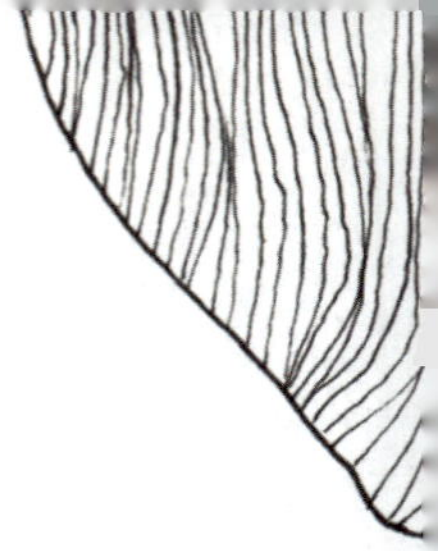

#04 | 09.06.2015 – **L'aventure commence**

Voilà, nous sommes enfin à pied d'œuvre ! Nous avons quitté la borne de Trijonction samedi et progressons désormais vers la borne 1. La semaine qui vient de s'écouler n'a pas été de tout repos.

Nos débuts sur l'eau ont été prometteurs. Comme nous sommes encore à la saison des pluies, le niveau des eaux est élevé et nous avons passé la plupart des sauts sans nous en apercevoir.

Les expéditions du passé choisissaient plus souvent la saison sèche. En l'absence de moteur, le courant des hautes eaux était le plus souvent un obstacle. Et il fallait affronter les pluies, synonymes de maladies et de difficultés plus grandes. Notre logique est différente et pour le moment couronnée de succès. Mais peut-être sommes-nous en train de manger notre pain blanc et aurons-nous à affronter les pentes des Tumuc-Humac sous des averses torrentielles.

Après un premier bivouac sur la Litani, nous avons repris notre progression. Déjà 165 kilomètres parcourus. La navigation sur cette large rivière s'est déroulée sans difficulté à environ 20 km/h. Le scénario a changé sur la Warémapane. Dès le départ, il a fallu scier un tronc, et nous avons péniblement fait 5 kilomètres en 2 h 30.

Puis la marche d'approche de la Trijonction a duré deux jours. Nous avons eu droit aux pentes raides, transformées en piste de luge par la pluie. La progression a été un peu lente au début, chacun devait trouver son rythme. Mais pour une entrée en matière, ce fut assez réussi.

Nous sommes tout de même arrivés à la Trijonction vendredi vers 14 h 30. Nous avons établi un campement juste au-dessous de la colline de la borne.

Après avoir installé le GPS de l'IGN, retour au bivouac et tâches habituelles : se laver, préparer son repas, organiser ses affaires pour la nuit, réorganiser ce qui est nécessaire dans le sac afin d'avoir tout sous la main le lendemain. La saison des pluies pointe le bout de son nez avec de très grosses averses dans la nuit du vendredi. De toute manière, dès que la nuit tombe, il n'y a pas grand-chose à faire à part prendre des notes et surtout se reposer pour être dispo à 5 h du matin.

William, le botaniste, me dit avoir trouvé la végétation locale très intéressante. Nous comparons ses relevés avec les observations d'Edinho, le mateiro (guide forestier, NDLR) brésilien. Le légionnaire Alvaro est aussi très calé en plantes, si bien que les échanges entre tous sont riches et permanents.

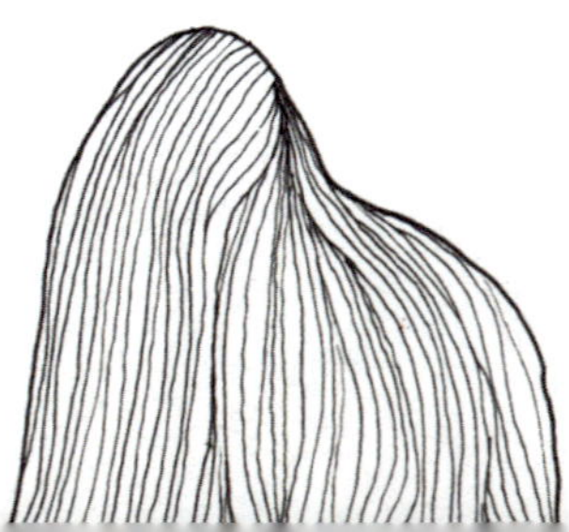

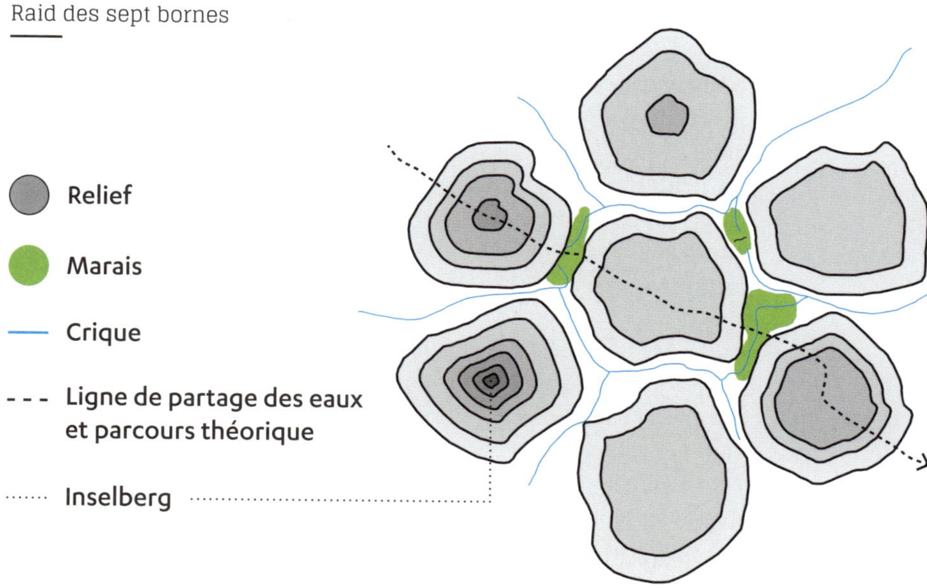

#05 | 11.06.2015 – **Bivouac à la borne 1**

Nous voici à la borne 1, après un peu plus d'une semaine de forêt. Après la Trijonction, le chemin s'est avéré plus ardu. Le premier jour, des imprécisions de la cartographie nous ont amenés à affronter des pentes raides au lieu des cols que nous avions envisagés.

Le deuxième jour, nous avons très bien marché, en suivant la succession de crêtes et de cols qui marquent la frontière, jusqu'à déboucher vers 16 heures sur un grand plateau granitique, couvert de végétation rase dominée par une espèce d'ananas sauvages. De tous côtés la vue était grandiose, avec un panorama sur les inselbergs [schéma ci-dessus] de la région nous entourant.

Après une pause photo, nous traversons le plateau sur sa grande longueur durant plus d'un kilomètre, pour nous apercevoir qu'il se termine par un à-pic de 50 mètres. Impossible donc de rejoindre la crique qui était notre objectif pour la journée. Nous en explorons alors les côtés, et même verdict. À moins de revenir en arrière, impossible de passer. Il est tard et nous bivouaquons sur place.

Le matin, nous avons trouvé le moyen de descendre du plateau en bordure d'une cascade et au prix de nombreux passages d'escalade (qui auraient été plaisants sans nos 30 kilos sur le dos). Au pied de la cascade, une grotte, à l'intérieur de laquelle nous trouvons quelques tessons de poterie amérindiens. Sans doute s'agit-il d'un site utilisé lors de parties de chasse. Ou bien d'un site de vie ? Seules des recherches plus poussées nous donneront la réponse.

Nous longeons alors le plateau sur son pied, mais il est entaillé de profondes vallées en V que nous devons franchir les unes après les autres. La pluie abondante qui est tombée toute la nuit a rendu les pentes raides très glissantes. À 11 h 30, nous n'avons pas encore dépassé la crique qui était notre objectif de la veille ! Heureusement, par la suite, nous montons assez facilement sur un col près du mont Mitaraka nord et bivouaquons un peu en dessous.

Nous prenons notre revanche le lendemain. La route est bonne jusqu'au Mitaraka sud, sur lequel nous grimpons. Il n'offre pas de grande vue sur les alentours, mais la forêt basse qui domine son sommet est très intéressante. William en revient avec de nombreux échantillons. Peu avant d'y monter, nous avons repéré une grande grotte au sein d'une série de rochers granitiques, qui contient aussi des vestiges de présence amérindienne.

Nous décidons alors de couper un peu la frontière et de nous diriger directement vers la borne 1. Nous nous rendons au camp intermédiaire de l'expédition Mitaraka, qui a eu lieu en février-mars 2015. Malheureusement, le légionnaire José fait une mauvaise chute et se luxe gravement l'épaule. Celle-ci étant impossible à remettre en place, on opte pour une évacuation sanitaire en fin d'après-midi. Une clairière est alors ouverte pour un hélitreuillage.

Mais la malchance est avec nous. 18 h 15 : premiers coups de tonnerre… 18 h 30 : un violent orage éclate et des trombes d'eau s'abattent sur nous, l'hélicoptère nous survole mais ne peut nous voir et doit faire demi-tour. L'évacuation n'aura lieu que le lendemain, dans des conditions heureusement meilleures.

Nous avançons alors rapidement en direction du camp de base de l'expédition Mitaraka, puis de celui-ci vers la borne 1, que nous atteignons le 10 juin, hier, avec un jour de retard sur notre tableau de marche. La journée d'aujourd'hui est une journée de repos bien mérité avant de repartir vers la borne 2.

Sur le plan scientifique, nous avons enregistré deux sites de présence amérindienne ancienne, ce qui semble prouver que la région a été occupée de manière assez dense. Les collectes botaniques sont abondantes et les observations sur la variation de la végétation le long de la ligne frontière sont intéressantes. Sur le plan cartographique, nous avons vérifié un certain nombre de points et trouvé des erreurs à rectifier.

Seule déception, le fait de n'avoir pas pu suivre la frontière de manière aussi exacte que nous le souhaitions. Nous avons cependant pas mal avancé, avec 55 kilomètres de cheminement effectif et, surtout, déjà 3300 mètres de dénivelé à notre actif. Il faut aussi faire avec les bobos qui se multiplient, les pieds qui souffrent des chaussures mouillées en permanence – ceux de William sont pratiquement à vif ! –, la fatigue qui s'installe...

#06 | 17.06.2015 – **Pause bien méritée à la borne 2**

Nous voici arrivés à la borne 2, finalement dans les temps... Cependant, les marches des quatre derniers jours ont laissé des traces. Edinho a fait un mauvais pas et s'est déchiré un muscle de la cuisse. L'aventure est terminée pour lui.

De petits bobos se font jour ici ou là : piqûres d'insectes qui évoluent en furoncles, gênantes mycoses sur les pieds, vers à chien (appelés au Brésil « animaux géographiques » car ils creusent des galeries sous la peau qui la font ressembler à des cartes de géographie...), etc. Rien de très grave cependant et le médecin militaire qui nous accompagne s'en étonne même. Pour lui, c'est la marque que le groupe est très bien préparé et entraîné.

Les chiffres commencent à parler : presque 120 kilomètres parcourus à pied, presque 6000 mètres de dénivelé avalés. Mais nous sommes encore bien loin du but. Il nous reste près des deux tiers du parcours à faire. Un petit arrêt est donc essentiel pour nous remettre en condition. La prochaine pause importante est prévue à la borne 4.

Le trajet de la borne 1 à la borne 2 a été plus monotone que celui de la Trijonction à la borne 1, avec des dénivelés moindres. Malgré tout, à chaque début de colline nous devons gravir une pente à plus de 45 degrés de 50 à 100 mètres, recouverte d'une boue orange extrêmement glissante.

On monte donc autant avec les bras et les mains, qui attrapent tout ce qui passe à leur portée, qu'avec les jambes. Répétée cinq à dix fois par jour, l'opération met les genoux et les cuisses à rude épreuve.

Des marais font aussi leur apparition sur notre parcours. Souvent, ils sont de petite taille : leur présence est logique et nous devrions en rencontrer de plus en plus. Mais à deux reprises, nous sommes tombés sur des marais larges, drainés par des criques de plus de

20 centimètres de profondeur. Dans ces cas, c'est sans doute la ligne frontière qui est mal placée. Notre parcours le long de son tracé actuel n'est donc pas inutile pour en préciser certains détails.

Nous n'avons pas rencontré d'autres vestiges archéologiques. Cela étant, nous avons passé lundi de vastes zones de forêt dominées par des palmiers *Astrocaryum*, dont la configuration est très originale et différente de celle enregistrée habituellement. Peut-on y voir la trace d'une présence amérindienne ancienne ? Seule une analyse approfondie des données botaniques recueillies pourra nous en dire plus.

#07 | 23.06.2015 — **À l'origine…**

Je me remémore la genèse du raid. Il y eût d'abord ce reportage à la télévision il y a dix ans, *Les Sept Bornes du désert*. Il retraçait l'histoire de la délimitation de la frontière entre Guyane et Brésil, en 1956 puis 1962. On y voyait aussi une mission de la Légion allant jusqu'à la borne 7, au prix de grandes difficultés.

Quelques années plus tard, j'ai repris des recherches en Amapá, auprès du village de São Francisco do Iratapuru, juste à côté du fleuve Jari. Impressionné par la dextérité des piroguiers à franchir les rapides, je leur ai demandé : « Et il remonte jusqu'où le Jari ? », et ils m'ont répondu : « Jusqu'à la frontière, mais on y est jamais allés… » Sourire entendu des deux côtés. L'idée avait germé. Connaître cette frontière, la parcourir… Mais comment ?

En 2010, j'ai pu organiser une première expédition dans le parc national des montagnes de Tumuc-Humac, en partenariat avec les Indiens Wayãpi du village d'Okakai. Nous avons retrouvé la zone dans laquelle ils avaient habité jusqu'aux années 1960.

En 2011, ce fut l'expédition Mapaoni, la première de grande portée, avec une équipe de vingt personnes montée par mes soins… bien sûr avec les piroguiers d'Iratapuru. Nous avons réussi à atteindre la borne de Trijonction Brésil/Surinam/Guyane française par le Jari, ce qui n'a pas été une mince affaire. Mais j'ai ressenti une certaine frustration à me trouver si près de la ligne des bornes et à l'abandonner aussitôt.

En 2013, avec une toute petite équipe de cinq personnes, nous avons encore franchi cette ligne, à la borne 5 cette fois-ci : 400 kilomètres à la rame dans une forêt totalement déserte – à part les vestiges de campements d'orpailleurs. Une borne de plus. Mais il fallait arrêter de travailler au détail et parcourir enfin la ligne des sept bornes dans sa totalité! Le «comment?» était simple: à pied... Mais avec qui? Qui serait assez fou pour envisager un tel parcours de 320 kilomètres en forêt, juste pour la satisfaction de suivre une ligne théorique? Je n'ai pas hésité longtemps et me suis mis en contact avec le 3e Régiment étranger d'infanterie. La Légion. Évidemment.

#08 | 25.06.2015 – **Borne 3: éviter la routine**

Nous voilà arrivés à la borne 3, presque la moitié du parcours en termes de distance et déjà (ou seulement) la moitié en termes de bornes à passer. Nous en sommes désormais à 180 kilomètres parcourus environ, pour 8700 mètres de dénivelé positif. On avance!

Le trajet entre la borne 2 et la borne 3 s'est déroulé sans anicroche. Nous progressons de 12 à 14 kilomètres par jour sans forcer et nous pouvons nous arrêter vers 15 heures ou 15h30, ce qui laisse le temps d'organiser un bon bivouac et de récupérer pour repartir le lendemain. Pour une grande partie, ces progrès tranquilles sont dus au caporal chef Alvaro, qui ouvre la marche et réussit à lire la configuration du terrain dans la forêt la plus fermée, nous menant ainsi le long des lignes de crêtes et nous évitant de nous enliser dans des marais ou de profonds ravins. Je contrôle le parcours immédiatement derrière lui avec les données cartographiques.

La physionomie de la forêt varie beaucoup d'une colline à l'autre, parfois basse avec un sous-bois dense, parfois plus haute et dégagée en bas. Par moments les palmiers dominent le sous-bois, par moments ils disparaissent presque complètement. Parfois, on passe des «cambrouses», zones pleines de bambous-lianes, parfois des forêts de lianes. Peut-on lier ces physionomies à des perturbations dues à l'homme ou tiennent-elles à d'autres facteurs comme le substrat ou les pentes? Nous essaierons de creuser cette question grâce aux données complémentaires issues des images satellite. Lundi, nous avons organisé une opération d'hélitreuillage à la borne 3, à la fois pour recevoir notre ravitaillement et pour permettre la sortie du botaniste William Milliken et du colonel Walter, et l'entrée de Guillaume Odonne, le botaniste qui assurera la seconde partie de l'expédition.

Nous avons profité de notre jour de repos pour remettre le matériel en condition, soigner les petits bobos et surtout changer un peu de rythme. La difficulté est en effet de ne pas tomber dans la routine, qui risquerait de peser sur le moral du groupe mais aussi de causer des accidents par manque d'attention. Nous ne devons pas oublier qu'il nous reste encore près de 200 kilomètres à parcourir.

#09 | 29.06.2015 – **La forêt toujours recommencée…**

Nous sommes arrivés hier à la borne 4, avec un peu d'avance sur le calendrier prévu. Nous avons en effet décidé de couper quelques boucles de la frontière afin de prendre une pause de deux jours à la borne, avant de replonger pour trois tronçons et plus de 120 kilomètres de marche. Déjà 240 kilomètres à notre compteur, pour plus de 11 000 mètres de dénivelé. Nous le sentons un peu dans les corps, notamment les articulations.

Sur le trajet, nous n'avons trouvé aucune trace de présence humaine récente. La zone semble n'avoir presque jamais été parcourue durant les dernières décennies.

La végétation que nous rencontrons est toujours composée des mêmes éléments, mais ce qui est marquant, c'est que certaines collines présentent des faciès assez différenciés. C'est le cas de celle de la borne 4, sur laquelle Guillaume réalise un relevé exhaustif des espèces sur une parcelle de 25 mètres sur 25. Comme nous avons découvert une impressionnante série de polissoirs dans une crique à proximité, ce qui atteste de la présence importante de populations amérindiennes dans la zone, la parcelle permettra de voir comment cette présence a influencé (ou non) la composition de la flore et, par extension, de mieux comprendre l'origine des associations végétales qui caractérisent les collines.

Pour le reste, nous profitons le plus possible de cette pause avant de nous remettre en chemin pour ce qui nous apparaît un peu comme un (long) sprint final.

#10 | 10.07.2015 – **Espaces protégés**

Circuler sur la ligne de partage des eaux, c'est se trouver immergé dans l'un des plus grands espaces protégés de la planète.

Protégé, il l'est en premier lieu parce qu'encore relativement préservé. Le centre du plateau des Guyane a été épargné par la plupart des phénomènes qui touchent les autres régions d'Amazonie: les tentatives pour construire une route le traversant (la Perimetral Norte, au Brésil) ont fait long feu, et la pression démographique n'est pas assez forte autour pour qu'un véritable front pionnier se soit formé. De par son relief accentué et son climat extrêmement humide, il se prête mal à la «mise en valeur» agricole. Quant aux ressources minières, elles sont importantes mais l'isolement de la zone rend leur exploitation peu rentable… pour le moment.

Cela ne veut pas dire que ce cœur forestier des Guyane est totalement intact. Les barrages s'en approchent de plus en plus pour utiliser la puissance de l'eau qui descend de ses reliefs. Les chercheurs d'or ont déjà pollué nombre de ses cours d'eau. Il y a quelques décennies, la chasse pour les peaux a aussi profondément impacté son écosystème. De toute part, les ressources naturelles qu'il contient sont guignées.

Mais ces menaces sont en partie contrebalancées par le statut de protection alloué, principalement en Guyane française et au Brésil, à la plus grande partie de son extension. Juxtaposant des statuts divers, on y trouve en effet la plus vaste zone de protection de l'environnement au monde: plus de 375 000 km^2 occupant presque toute la rive gauche de l'Amazone entre l'Atlantique et le Rio Branco.

Protégés en théorie, ces territoires ne le sont pas toujours dans la pratique, les orpailleurs s'y déplaçant notamment à leur guise ou presque. En 2013, nous avions retrouvé leurs traces haut sur la rivière Culari. En verrons-nous de nouveaux vestiges ou, pire, des traces récentes près de la frontière?

#11 | 12.07.2015 — **Sprint final**

Nous voici installés en borne 6, profitant d'un peu de repos avant de repartir pour le sprint final vers la borne 7. Nous sommes en bonne voie pour réussir notre pari.

Ce dont nous nous apercevons c'est que le défi était en fait principalement logistique. Certes, le relief pose de redoutables problèmes jusqu'à la borne 2. Mais cela va en s'atténuant et, à partir de la borne 5, on se trouve dans une région de plateaux surmontés de petites collines qui ne sont plus très difficiles à franchir. La fatigue est là, car il s'agit d'un effort de longue haleine, mais pas d'un exploit physique. Disons une bonne performance.

Si la forêt du sud de la Guyane n'est pas si difficile à parcourir, alors pourquoi la région a-t-elle si peu été reconnue ? Probablement surtout en raison de son éloignement. Au XIXe siècle, l'explorateur Henri Coudreau notait déjà que la disparition des villages amérindiens du centre des Tumuc-Humac était la cause principale de cette difficulté d'accès. Jean-Marcel Hurault, géographe à l'IGN, indiquait lui aussi que c'est en s'appuyant sur ces villages que Jean-Baptiste Patris avait pu au XVIIIe siècle accéder au centre de la même zone. Ces villages permettaient non seulement de recueillir des informations sur la région (notamment la position des autres villages) mais aussi de se fournir en farine de manioc et en vivres frais.

Dans notre cas, nous avons substitué les hélicoptères aux indispensables villages... Ainsi approvisionnés, nous avons pu parcourir 340 kilomètres jusqu'à aujourd'hui et, si tout va bien, presque 400 en fin de semaine prochaine, jusqu'à la borne 7.

Mais si la forêt n'est pas plus difficile ici que dans d'autres régions de Guyane, elle n'en reste pas moins un milieu âpre. Petites plaies et bobos se multiplient. Pour le moment rien ne s'emballe grâce à la vigilance de l'équipe médicale. Mais là encore, les choses sont toujours un peu sur le fil. La fatigue accumulée commence à peser, malgré l'aguerrissement de l'ensemble des participants. Le matériel souffre aussi... Le clavier de mon ordinateur n'a plus ni « t » ni « y » (des faux contacts dus à l'humidité ?), ce qui ne facilite pas la rédaction de ce carnet d'expédition... Bref, il est temps d'arriver.

#12 | 16.07.2015 – **Une région déserte ? Pas depuis longtemps...**

Le drame des populations amérindiennes de la région des Tumuc-Humac est très bien résumé par Coudreau : *« S'il est quelqu'un au monde qui ne se doute pas de cette particularité de géographie politique, ce sont assurément les Oyampi. Ils s'imaginent naïvement que cette terre, qu'ils habitent et qu'ils cultivent depuis un siècle, est à eux. Pas du tout, mes amis, ce sont les Français (à moins que ce ne soient les Brésiliens) qui sont ici chez eux, et bientôt, pour vous récompenser de nous avoir ouvert votre pays avec confiance, nous autres Blancs, avec notre eau de feu et nos maladies à vous inconnues, nous ferons disparaître votre race jusqu'au dernier homme au nom des principes supérieurs de la civilisation et du progrès. Il y aura beaucoup de Blancs sur le territoire des Oyampi détruits. »* Sombre prophétie qui s'est pourtant presque réalisée mot pour mot.

Car si la région est vide d'hommes aujourd'hui, cela n'a pas toujours été le cas. Au contraire, de très nombreux groupes amérindiens y résidaient et suivaient une dynamique complexe de déplacements, d'affrontements et d'alliances. Au début du XVIIIe siècle, le versant sud est principalement occupé par les Wayana, probablement arrivés depuis peu, ainsi que par des groupes avec lesquels ceux-ci ont noué des alliances, les Upului et les Namikwane. Au nord, la ligne de partage des eaux est occupée par deux grands ensembles : à l'est, les « proto-Émérillons », un ensemble de groupes Tupi arrivés avant la colonisation, à l'ouest, des groupes Caribe, comme les Aramakoto.

Cet ensemble sera redessiné aux XVIIIe-XIXe siècles avec la migration en direction du fleuve Oyapock des Wajãpi, venus du sud de l'Amazone. Poussés sans doute par l'avancée des Portugais, ceux-ci conquièrent les territoires des ethnies présentes. Les Wayana, bousculés, se replient vers le nord et débordent sur la ligne de partage des eaux du côté du Maroni. Les Wajãpi, eux, vaincront les Namikwane et absorberont les Upului, mais auront des relations de bon voisinage avec les Émérillons qui occupent les abords de la rivière Camopi.

L'ensemble de ces mouvements se fait sous la pression de l'installation des colons européens sur les littoraux. Cette pression est parfois directe, notamment par la « chasse aux esclaves » qui était courante au XVIIIe siècle, comme en témoignent, pour ne citer qu'eux, les récits de voyage du sergent La Haye ou de l'explorateur Canada. Mais la pression était aussi indirecte, liée à la contamination des villages amérindiens visités par les Européens par des maladies contre lesquelles les habitants se trouvaient sans défense, comme la grippe, la tuberculose, la rougeole, etc.

À la fin du XIXe siècle, les différentes ethnies présentes dans la région du Jari ont fini par trouver un modus vivendi, chacune ayant délimité son espace. Des relations de commerce se forment alors, qui se basent sur d'immenses trajets le long desquels on colporte dans un sens l'artisanat et dans l'autre les objets industrialisés.

À partir des années 1930 apparaissent les orpailleurs et les chasseurs de peaux. Leur présence croissante et les conséquences de celle-ci (épidémies, violences) amènent les groupes amérindiens à déserter la partie des Tumuc-Humac qu'ils occupaient encore à la fin des années 1960.

Le dense peuplement amérindien a ainsi disparu peu à peu du sud de la Guyane, chaque voyageur commentant la disparition de villages

entiers connus par ses prédécesseurs. Si les Wayana et les Wayãpi ont réussi à survivre en se rapprochant de postes d'assistance, cela n'a pas été le cas des Kusari notamment. Certains groupes très restreints et isolés continuent-ils d'habiter la zone, comme le pensent les Wayãpi ? On n'en a pour l'instant retrouvé aucune trace, mais la grande forêt peut toujours receler de nouveaux secrets.

#13 | 17.07.2015 — **Mission accomplie !**

Voici la borne 7. C'est une grande satisfaction pour toute l'équipe et nous le fêtons dignement !

À l'issue de cette aventure, je pense à ceux qui ont posé les bornes. Sans la technologie moderne qui nous a tant servi, Jean-Marcel Hurault et Pierre Frenay, lors des missions IGN de 1956-57 et 1961-62, ont dressé une cartographie de la zone dont nous avons pu corriger des détails, mais qui n'en reste pas moins d'une remarquable précision.

Je me sens profondément reconnaissant envers les forces armées de Guyane et le 3ᵉ REI en particulier, sans lesquels cette mission n'aurait pas été possible. L'osmose entre militaires et scientifiques a été parfaite durant tout le parcours.

Outre le fait d'avoir réussi la traversée ouest-est des Tumuc-Humac, ce projet nous a permis de collecter une grande quantité de données scientifiques : physionomie des formations forestières, herbiers, données géographiques de grande précision sur la localisation des bornes, sites archéologiques...

Ces données trouveront leur sens dans leur analyse à notre retour. Les informations sur les formations végétales, par exemple, serviront à préciser l'interprétation des images satellite et à produire une cartographie plus précise de la couverture forestière du sud de la Guyane. Un gros travail de dépouillement va donc débuter.

D'autres missions viendront après la nôtre. Elles amélioreront les relevés, découvriront de nouveaux sites ou préciseront les informations que le format du raid ne nous a pas permis d'approfondir.

Comme en escalade, nous avons le sentiment d'avoir ouvert une voie.

#14 | 30.12.2015 – **Premiers résultats de l'expédition**

Près de six mois ont passé depuis la fin du raid. Le retour d'une telle expédition est toujours un peu chaotique. Il faut bien sûr se remettre physiquement. Surtout, après six semaines où l'on est tendu vers un objectif unique, un peu de distance est nécessaire. Bref, on a tout sauf envie de se plonger immédiatement dans les données recueillies, on préfère parler d'autre chose et voir des paysages différents. Et puis il y a tout ce qu'on a laissé en suspens pendant le raid. Le monde n'a pas cessé de tourner, les collègues de produire des travaux et les projets d'avancer. Avec 1241 mails non lus au moment de ma sortie des bois, il a fallu un moment pour épuiser le stock.

Depuis septembre, les membres de l'équipe ont peu à peu repris leurs activités. Les hommes du 3e REI ont recommencé leurs missions en Guyane, notamment celle de lutte contre l'orpaillage. Les botanistes ont retrouvé le cours de leurs autres projets. Quant à moi, heureux bénéficiaire d'un séjour de recherche à l'Université d'Indiana, j'ai passé un automne entre la France et les États-Unis. Mon empreinte carbone en a pris un coup, mais après 300 kilomètres à pied j'ai un peu de crédit, non ?

Ce tourbillon d'autres activités n'empêche pas d'exploiter le matériel collecté au fur et à mesure. L'analyse fine des traces GPS a ainsi permis de refaire le calcul des distances (310 kilomètres au total) et de les comparer avec le parcours théorique. Nous avons ainsi parcouru près de 80 % de l'extension de la frontière (258 kilomètres sur la ligne de partage des eaux), la principale « perte » ayant été enregistrée lorsque nous avons piqué directement du Mitaraka vers la borne 1.

Les mesures GPS sur les bornes ont été remises au service de géodésie de l'IGN. Sous réserve de validation finale, des coordonnées de meilleure précision ont pu être calculées pour toutes celles que nous avons trouvées. Elles sont désormais pour la majorité d'une précision centimétrique. Les données recueillies nous ont aussi permis de résoudre des ambiguïtés cartographiques sur le tracé frontalier ou sur l'hydrographie, et de faire des propositions de rectification qui ont été transmises à qui de droit. Que l'on ne s'inquiète pas, les surfaces concernées sont très réduites et ne changeront pas vraiment la taille du Brésil ou celle de la Guyane française.

Sur le plan botanique, les identifications sont en train d'être réalisées. Les échantillons prélevés ont été intégrés dans les herbiers,

particulièrement à Cayenne, et le travail pour les faire parler est en cours. Les prochaines étapes sont, pour nous, la rédaction d'articles scientifiques. Mais je pense déjà à de nouveaux projets. Notre expédition avait pour beaucoup valeur de reconnaissance. Il nous faut maintenant utiliser ses résultats pour nourrir des propositions qui nous permettront d'en savoir plus sur cette mystérieuse frontière sud de la Guyane. Bref, nous avons encore du pain sur la planche, mais avec, bien sûr, la perspective de retourner sur place... ●

---

crédits photos © F.-M. Le Tourneau/Creda/CNRS Photothèque
carte © IGN

→ Extrait

Les migrants et nous. Réflexions à l'usage des Européens

l'auteur Michel Agier est anthropologue. Il mène des recherches sur les relations entre la mondialisation humaine, les conditions et lieux de l'exil, et la formation de nouveaux contextes urbains. Directeur d'études à l'École des hautes études en sciences sociales (EHESS) et directeur de recherche à l'Institut de recherche pour le développement (IRD), il est l'auteur de plusieurs ouvrages dont *Anthropologie de la ville* (PUF, 2015) ou *Campement urbain. Du refuge naît le ghetto* (Payot, 2013) et il a dirigé l'ouvrage collectif *Un monde de camps* (La Découverte, 2014).

le livre *Les Migrants et nous. Comprendre Babel*, CNRS Éditions, 2016, 64 p., 5 €

Dans *Les Migrants et nous. Comprendre Babel,* paru chez CNRS Éditions en octobre, Michel Agier s'interroge sur les rapports complexes de l'Europe aux migrations et aux exils, dans un contexte actuel de crise. Dans les premières pages de l'ouvrage, il nous invite à la réflexion.

«Les événements dramatiques dont la mer Méditerranée a été le théâtre au cours de l'année 2015 ont fait franchir un seuil à la conscience européenne de la question des frontières et des migrations. En fait, les morts aux frontières de l'Europe sont des milliers depuis la fin des années 1990 – plus de 25 000 selon les estimations officielles –, et d'année en année, la Méditerranée est devenue un «mur» non pas infranchissable mais de plus en plus dangereux, comme le sont devenus aussi les Balkans. Il reste que les naufrages et les morts de cette année 2015 ont fait penser, peut-être par effet de saturation, à une «catastrophe» humaine plus que les années précédentes.

Octobre 2013, 366 naufragés près de l'île de Lampedusa ; septembre 2014, plus de 500 morts au large de Malte, et 3 500 pour l'année 2014 ; entre le 12 et le 19 avril 2015, au moins un millier de morts en trois naufrages, et près de 4 000 sur toute l'année 2015. Pour les six premiers mois de l'année 2016, selon le HCR, 2 814 personnes auraient péri en Méditerranée.

Ces événements ont rappelé que l'Europe n'est pas hors du monde mais bien, à l'échelle de la planète, plutôt proche des lieux les plus engagés dans des guerres ou des crises durables : Syrie, Irak, Afghanistan, Érythrée, Soudan du Sud, Libye. C'est de ces régions-là qu'est parti le plus grand nombre de migrants et demandeurs d'asile vers l'Europe ces dernières années, même si d'autres personnes ont continué d'arriver d'autres régions en crise – politique, sociale, écologique ou économique – comme l'Afrique de l'Ouest, du Centre ou du Nord. Sur toute l'année 2015, on compterait, selon la commission européenne, 1 million de personnes arrivées aux frontières grecques et italiennes, et 1,2 million de demandes d'asile déposées dans l'ensemble des pays de l'Union européenne. Alors que les gouvernements, notamment en France, sont d'abord restés pris dans un langage et une politique sécuritaires, entretenant l'illusion d'un possible enfermement sur soi des Européens, et donc suscitant une espèce de politique de l'indifférence à l'égard du monde, des citoyens et des associations se sont mobilisés, apportant aide et hospitalité aux migrants, sans que cet engagement ne se fasse réellement entendre dans les milieux politiques et les médias. En France, à Calais, le regroupement forcé des migrants et demandeurs d'asile en avril 2015 dans ce qui fut appelé le «bidonville d'État» puis la «jungle» a, de fait, séparé les migrants de la ville et rendu plus difficile le lien des associations locales avec les déplacés.

C'est dans ce climat inquiétant à plus d'un titre que s'est inscrit un second pas décisif: l'Allemagne a annoncé le 25 août 2015 sa décision de traiter favorablement les demandes d'asile de 140 000 Syriens déjà présents dans le pays plutôt que de les renvoyer dans leur pays d'entrée en Europe comme l'exige le règlement de l'asile européen, ainsi que de recevoir jusqu'à 800 000 demandes d'asile dans les deux années à venir. La chancelière allemande Angela Merkel a ainsi modifié d'un coup l'agenda et surtout les discours des pays européens – au moins pendant quelques jours. Donnant l'exemple sans attendre une décision européenne, appelant à respecter la «dignité de chaque être humain» en plaidant pour une politique des quotas de réfugiés et finissant par imposer aux autres pays l'accord sur le principe de cette répartition dans les différents pays européens, l'Allemagne a ce jour-là envoyé un signal fort aux autres États européens: elle a montré qu'on peut être tout à la fois humaniste et réaliste en légalisant des passages de frontière que l'Europe juge généralement indésirables; elle a aussi montré que c'est un faux-semblant pour les gouvernements de brandir la peur des extrêmes droites xénophobes mais bien au contraire qu'il est possible d'y répondre par des paroles et des actes d'hospitalité qui, seuls, permettent de ne pas faire de la mobilité des uns le problème des autres.

De manière assez étonnante, à la suite de cette prise de position allemande de la fin août 2015, les choses se sont accélérées: les solidarités citoyennes, associatives, municipales ont pu être entendues, on les a vues relayées dans la presse, et plus encore sur les réseaux sociaux d'Internet; les partis politiques autant que les gouvernements ont été sommés de dire quelque chose en faveur de l'accueil des migrants. Puis l'émotion provoquée par la photo, diffusée le 3 septembre 2015, d'un enfant mort sur une plage turque a fait tomber le voile de la figure fantasmatique de «l'étranger» indésirable et a libéré les élans de solidarité. Ces «migrants» sans nom pouvaient donc nous ressembler, tout comme le petit Aylan pouvait bien être endormi, en chien de fusil, dans la chambre de notre enfant!

Tout cela a fait exister un véritable moment politique européen. Quelques jours d'un changement radical ont bien eu lieu, durant lesquels l'Europe s'est mise à exister en tant que telle. Car on n'est jamais autant soi-même que lorsqu'on s'ouvre aux autres.

Bien sûr, direz-vous, cela n'a duré que quelques jours. Dès la fin septembre 2015, sous prétexte de distinguer les vrais des faux réfugiés, de ne pas créer «d'appel d'air», de ne pas pouvoir accueillir

« toute la misère du monde », selon le principe quelque peu ethnocentrique consistant à se considérer comme l'eldorado que le monde entier désirerait atteindre, mais aussi sous l'effet d'une véritable panique de certains gouvernants – et, par ricochets, de leurs gouvernés –, face à des urgences humanitaires par lesquelles ils craignaient souvent d'être dépassés, les retours en arrière ont été rapides et violents. Plus de murs et barbelés, moins de passages, plus de camps, moins d'hospitalité, toujours plus de peurs brandies comme fondement de la « gouvernance » – cette méthode qui consiste à dire qu'« on n'a pas le choix » (aussi appelée « Tina » pour « *There Is No Alternative* ») et qui empêche ainsi la politique de s'exprimer lorsqu'une part de la société dit et veut autre chose que ceux qui gouvernent. Pourtant c'est ce moment politique que je voudrais retenir, juste avant le retour vers la routine de la « gouvernance » où prévalent l'inquiétude sécuritaire, la fermeture sur soi, la solution des camps. Un peu à l'image de l'histoire contrefactuelle qui permet de relativiser les évidences qui se sont imposées un jour en montrant qu'il aurait pu en être autrement, la mise en exergue de ces journées hospitalières à l'échelle de l'Europe, cette courte période de fin août à mi-septembre 2015 où les mots ont changé, peut nous aider à nous décentrer de nous-mêmes pour observer ce monde où nous vivons maintenant.

Depuis plus de quinze ans, j'enquête auprès des personnes en déplacement, des réfugiés et des migrants (dont certains sont considérés « clandestins ») dans différentes parties du monde, allant voir comment ils vivent dans les lieux qu'ils traversent et qu'ils finissent parfois par habiter (des camps, des campements provisoires, des bords de routes ou des squats). Ce sont les terrains d'enquête d'une anthropologie des frontières, des mobilités et de la migration, que j'associe à la mondialisation humaine et à une nouvelle condition cosmopolite. C'est cela, le « lieu d'où je parle ». Depuis ce lieu-là, les mondes de la mobilité et du déplacement, je regarde les sociétés qui regardent les migrants. La problématique de ce petit essai, c'est donc « nous », ce nous-là qui les regarde « eux », les migrants, ce « nous » des gens établis ; et ce sont les mots et les idées avec lesquels nous établissons (ou non) une relation avec eux.

Cette relation, depuis quelques années, se transforme. Les pays du Sud et ceux du Nord sont maintenant clairement reliés, et les chassés-croisés entre touristes (du Nord vers le Sud) et migrants (du Sud vers le Nord) en sont une des évidences parmi bien d'autres. À l'échelle planétaire, ces deux parties du monde sont solidaires au sens de cette « solidarité organique » dont a parlé le sociologue Émile Durkheim au début du XXe siècle pour décrire les fondements de toute société complexe (et non pour faire la promotion des sentiments ou actions « solidaires »), une complexité devenue globale.

Rien d'étonnant alors à ce que les questions qui émanent normalement des terrains de recherche plus ou moins lointains sur les mondes de la migration aient commencé à se poser aussi pour beaucoup d'Européens, à apparaître sur les écrans et sur les ondes lorsque sont entrées dans leur vie, de manière obsédante et souvent dramatique, les images de la migration sous la forme de catastrophes et de polémiques publiques: ces questions portent sur l'accueil, le rejet ou la rétention de certains migrants, sur la place des étrangers dans l'identité des Européens, sur la possibilité de mettre en relation les migrants, le monde et nous selon le principe de la solidarité organique mentionné plus haut mais aussi selon les choix, sociétaux et politiques, que font depuis toujours les « établis » et les « nomades » pour se rapprocher, ou non. C'est cette rencontre entre des personnes en mouvement en Afrique, au Proche-Orient ou au Sud de l'Europe, et les inquiétudes françaises et européennes de la période récente à propos de la «crise migratoire» qui m'a conduit à reprendre ces questions. Y a-t-il autre chose qu'une vaine indignation? Comment les établis voient-ils les *outsiders*? Quelle relation s'établit entre les uns et les autres? Entre la peur et la compassion, entre le besoin de sécurité, de limites et de frontières d'une part, et le sentiment d'un devoir de sauvetage des victimes d'un monde chaotique d'autre part, y a-t-il la place pour un principe partagé, universel, qui ferait des migrants, plutôt qu'un problème, et au-delà des polémiques politiciennes, une cause pour tous, au sens d'une épreuve qui nous tire en avant, vers la compréhension et le désir d'un monde commun? »

Au royaume des lumières

Véritable fabrique de prix Nobel, le laboratoire Kastler Brossel voit se succéder des physiciens à l'origine de découvertes capitales. À l'image d'Alfred Kastler, de Claude Cohen-Tannoudji et de Serge Haroche, nobélisés respectivement en 1966, 1997 et 2012, les chercheurs ouvrent la voie à de nouvelles méthodes d'expérimentation afin de repousser les limites de la physique. La relève est assurée : rencontre avec les jeunes talents du laboratoire.

diaporama réalisé par Marie Mabrouk et Christelle Mercier Pineau
photographies de Hubert Raguet
lieu Laboratoire Kastler Brossel (unité CNRS/École normale supérieure/Université Pierre et Marie Curie/Collège de France)
mots-clés Nobel, laser, optique, atome
crédits photos H. Raguet/LKB/CNRS Photothèque

Physique

1/7

Une expérience sur les gaz de fermions ultrafroids, dont les étonnantes propriétés ne s'expliquent que grâce à la mécanique quantique. Les chercheurs les étudient pour comprendre une grande variété de systèmes, qui vont des métaux aux étoiles à neutrons.

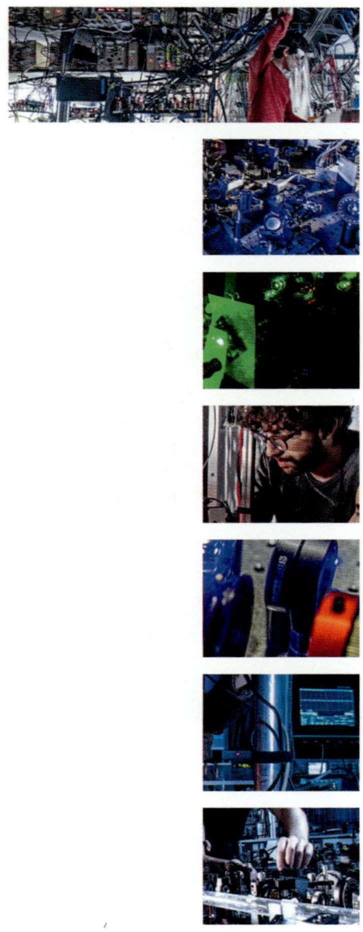

MPERATURE CONTROLLER
TEMP SET
OWER
MODE
THORLABS

2/7

Un chercheur observe ici comment la lumière traverse la matière. Il peut s'agir de milieux complexes comme de la peinture ou un tissu biologique. L'objectif à long terme est de faire évoluer les techniques d'imagerie médicale ou le transfert d'information.

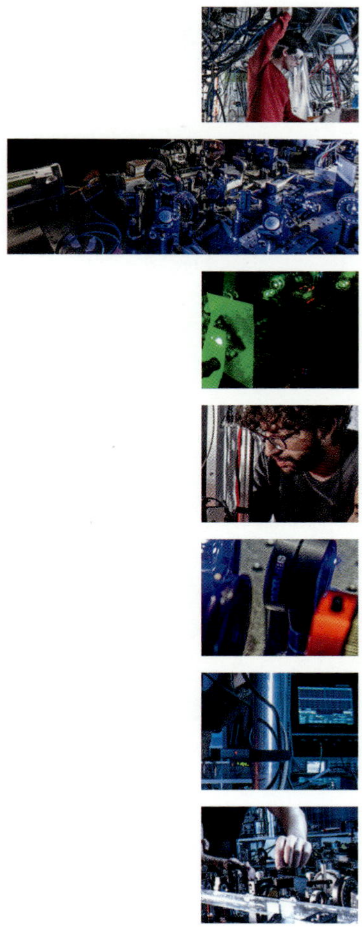

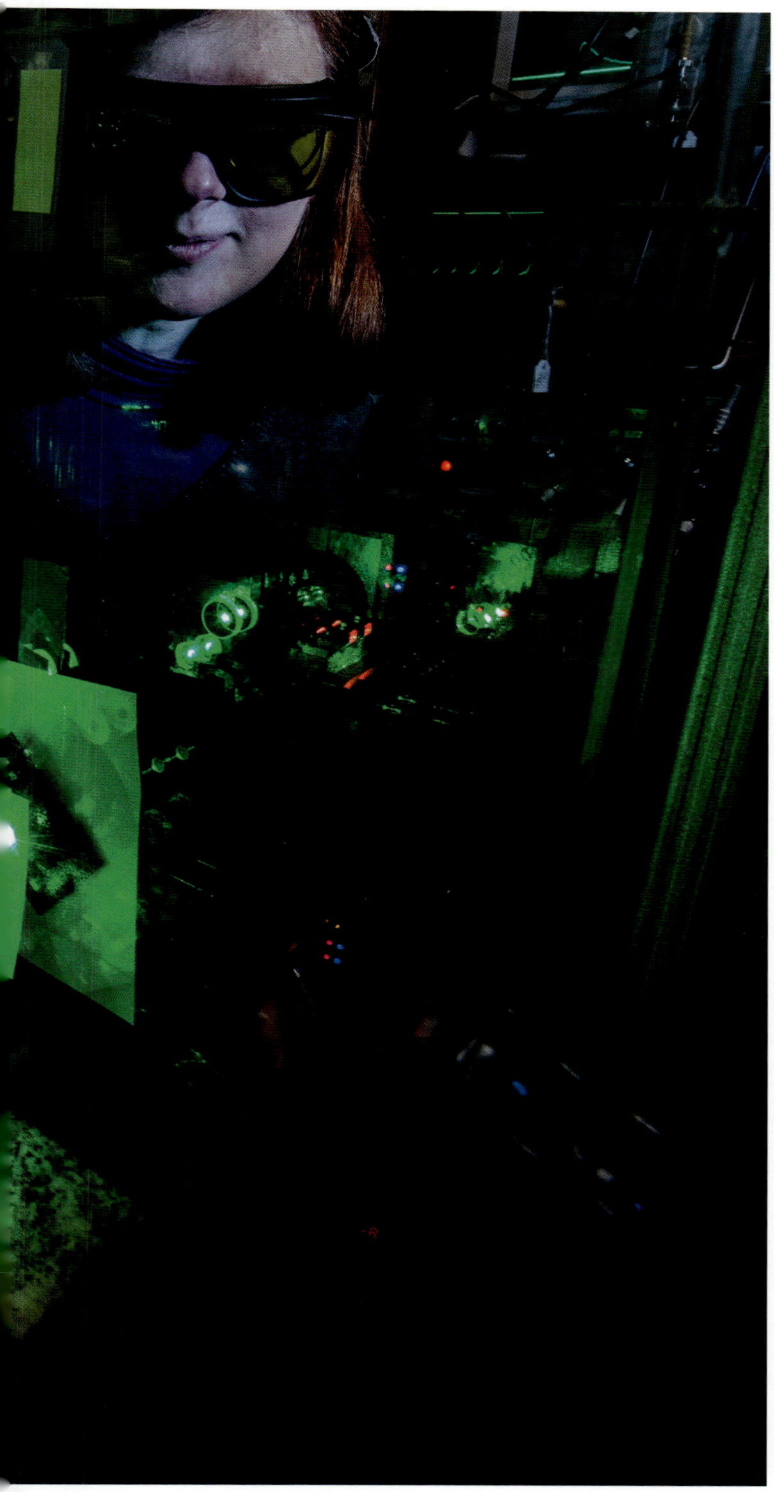

3/7

La lumière laser envoyée sur un atome d'hydrogène permet de mesurer sa structure. La comparaison entre cette mesure et sa valeur théorique contribuera à déterminer des constantes fondamentales. C'est sur de telles constantes que s'appuiera en 2018 la redéfinition de quatre unités du système international : le kelvin, la mole, l'ampère et le kilogramme.

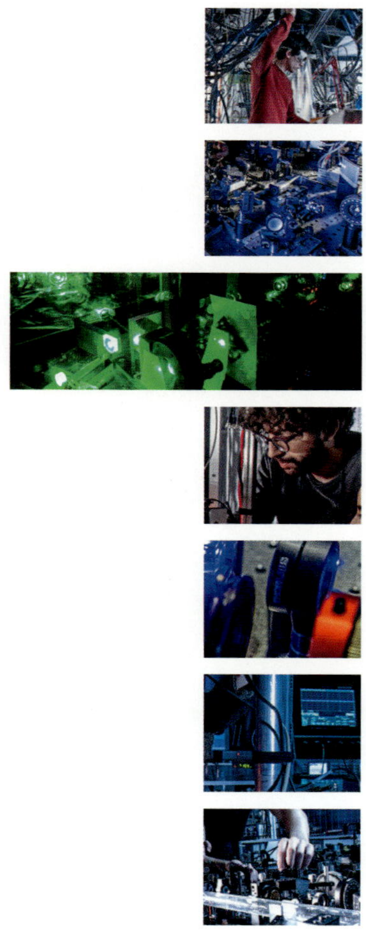

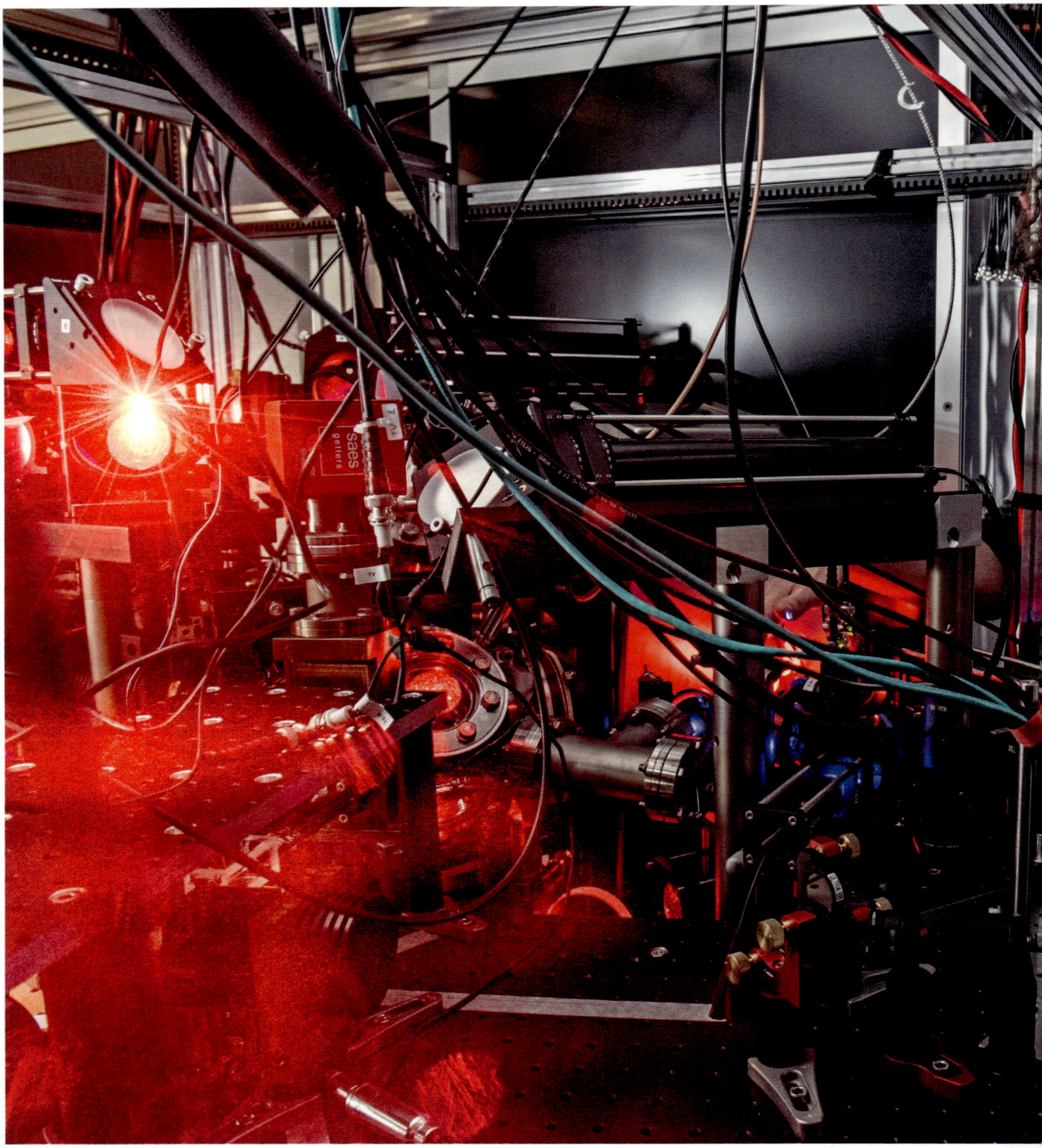
saes
getters

4/7

Les chercheurs essaient de créer les conditions de formation de particules exotiques, c'est-à-dire peu connues, ici les particules de Majorana. Pour cela, ils refroidissent des atomes de dysprosium, un métal à la structure électronique riche. Ces recherches pourraient être utilisées pour concevoir un futur ordinateur quantique.

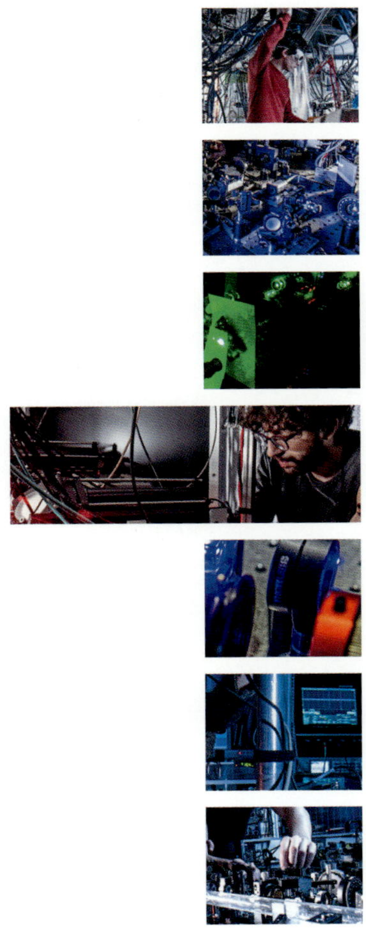

5/7

Un détail de l'expérience précédente : un ensemble d'éléments optiques est utilisé pour séparer et mettre en forme les faisceaux lasers qui vont permettre de refroidir et d'observer des atomes de dysprosium.

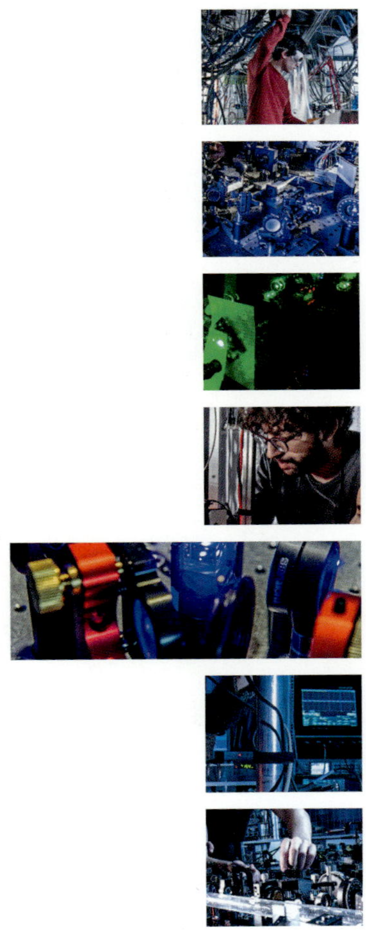

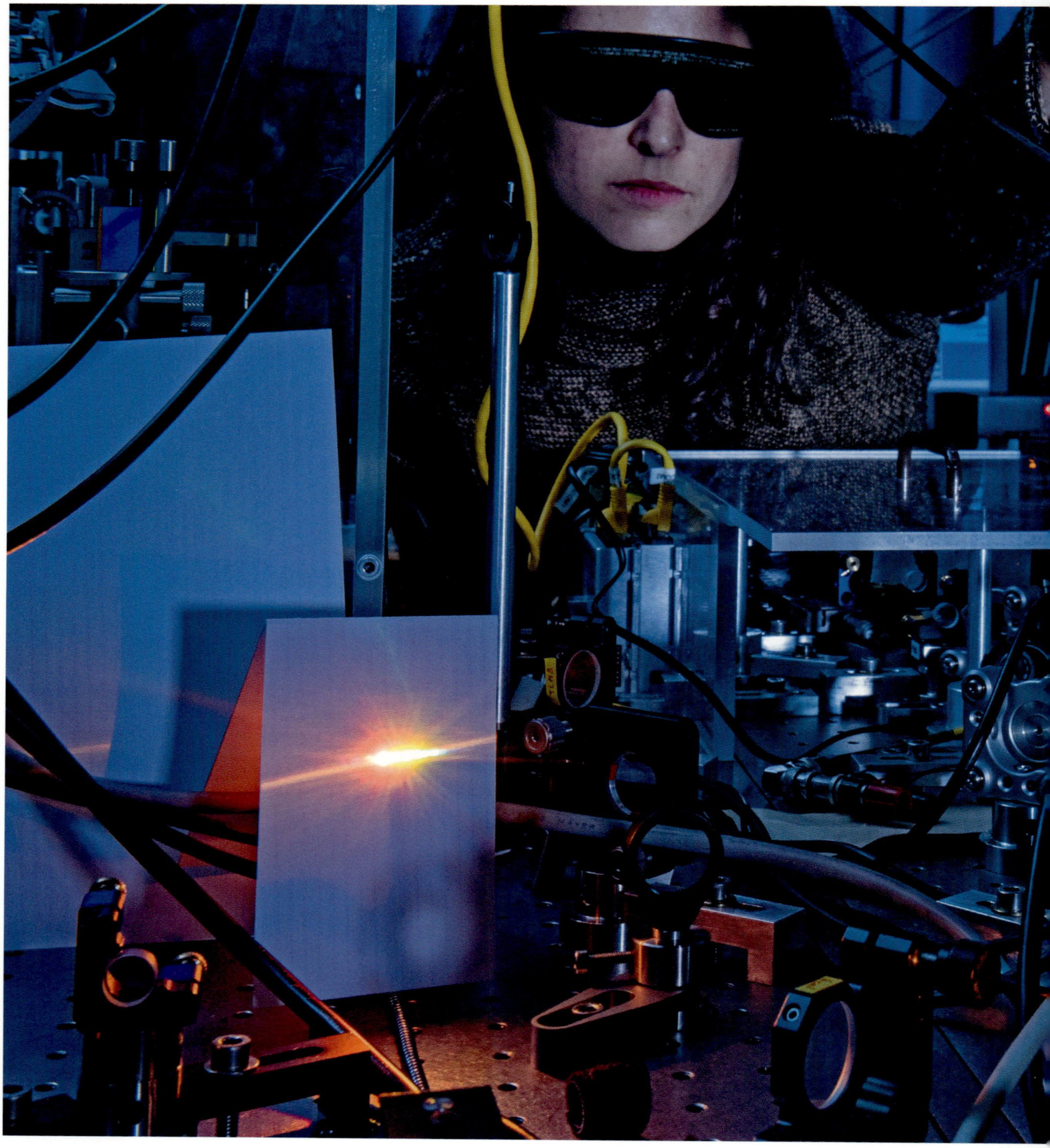

6/7

Un laser ultrarapide est composé d'une multitude de raies fines et régulières de fréquence temporelle (couleurs), comme un peigne. Celui-ci peut être utilisé comme une règle très précise. On voit sur cette photo les différentes couleurs du laser qui sont séparées en passant à travers un prisme.

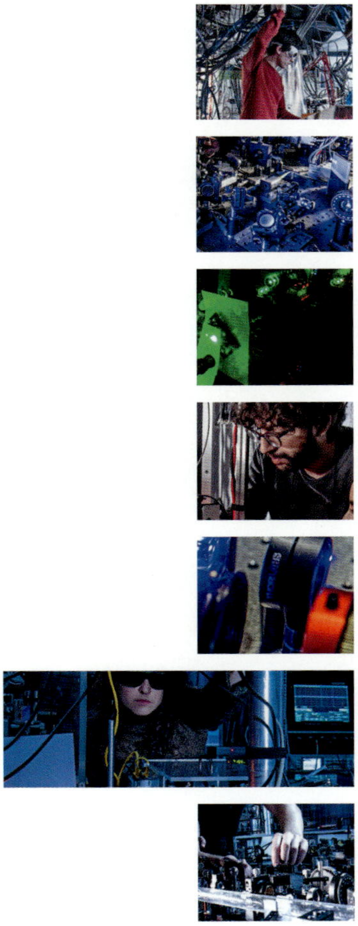

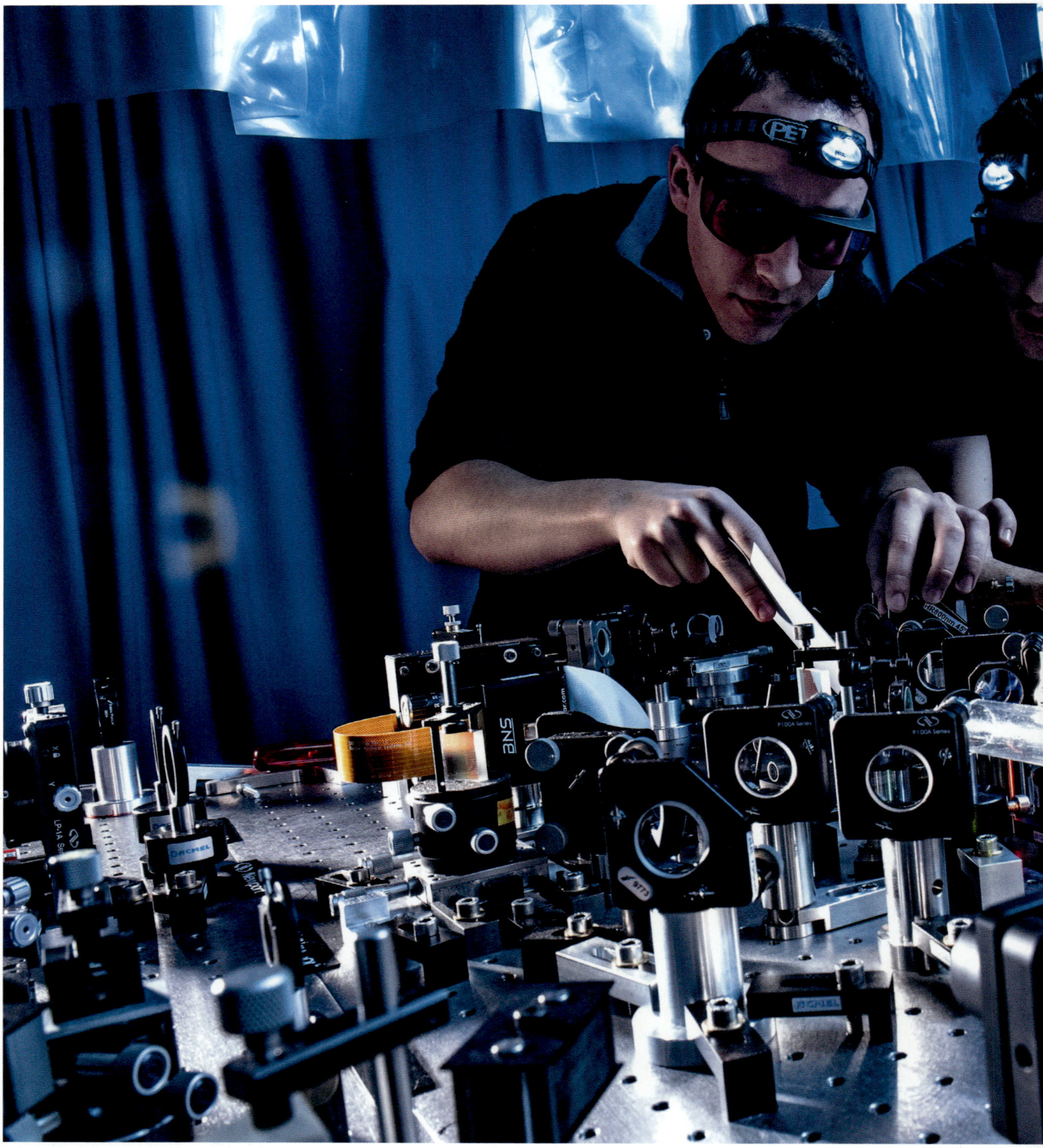

7/7

Une application du laser de l'expérience précédente : ses raies sont utilisées comme canaux pour propager la lumière dans différents états quantiques. L'objectif est d'augmenter les possibilités de calcul et de transmission de l'information, et d'améliorer les moyens de communication.

8/7

Sur cette photo de groupe, prise en 1966 devant le laboratoire situé à l'École normale supérieure, rue Lhomond à Paris, figurent trois scientifiques qui ont reçu le prix Nobel : au centre, Alfred Kastler, l'un des fondateurs du laboratoire, à ses côtés Claude Cohen-Tannoudji et tout à droite Serge Haroche.

Ce que la psychologie doit à Platon

Rencontre avec Olivier Houdé

Olivier Houdé vient de revisiter l'histoire de la psychologie pour la collection « Que sais-je ? ». Dans cette nouvelle édition parue en début d'année, le chercheur bouscule joyeusement l'ordre des chapitres et la chronologie d'une discipline revue d'un œil neuf.

entretien réalisé par Francis Lecompte
laboratoire de psychologie du développement et de l'éducation de l'enfant (unité CNRS/Université Sorbonne Paris Cité/Université de Caen Basse Normandie/Université Paris Descartes)
mots-clés Platon, cerveau, Égypte, Montaigne

Alfred Binet y a développé les célèbres tests de quotient intellectuel et jeté les bases de la psychométrie. Un bon siècle plus tard, le laboratoire de psychologie expérimentale se niche toujours au quatrième étage du bâtiment historique de la Sorbonne, au cœur du Quartier latin, à Paris. Olivier Houdé, qui occupe aujourd'hui le fauteuil de son illustre prédécesseur, y cultive la même passion pour l'étude du cerveau. Ce grand amateur de peinture, né à Bruxelles il y a cinquante-trois ans, s'est vu confier par les Presses universitaires de France la mise à jour de leur « Que sais-je ? » sur l'histoire de la psychologie.

Votre nouvelle histoire de la psychologie n'a plus grand-chose à voir avec les éditions précédentes...

Olivier Houdé: C'est le principe de cette collection de faire appel à des auteurs successifs pour traiter une même thématique. Je prends ici la suite de Maurice Reuchlin, professeur de psychologie différentielle à Paris Descartes, qui avait publié un premier « Que sais-je ? » sur le sujet en 1957. Son livre s'appuyait sur un découpage par grands courants de la psychologie (expérimentale, animale, sociale, génétique ou développementale) et, surtout, il en faisait débuter l'histoire au XIXe siècle, très précisément en 1889, date du premier Congrès international de psychologie réuni à Paris et considéré comme l'acte de naissance officiel de la discipline. Lorsque les Presses universitaires de France m'ont demandé d'en écrire une nouvelle édition, j'ai d'abord pensé à refuser, car je ne suis pas historien. De plus, mon approche est totalement différente de celle de Reuchlin. Les questions qui sont au cœur de la psychologie, cela fait deux millénaires que les penseurs se les posent. Si on veut en retracer l'histoire complète, il faut donc partir de l'Antiquité. Ce qui voulait dire beaucoup de travail et du temps à y consacrer.

Pourquoi avez-vous finalement accepté de l'écrire ?

O. Houdé: Parce que je dirige le laboratoire CNRS de psychologie de la Sorbonne, qui fut le tout premier de France, créé à la fin du XIXe siècle, là où Alfred Binet a inventé la psychométrie et les tests du quotient intellectuel. Un siècle plus tard, j'ai la chance de pouvoir utiliser des techniques beaucoup plus modernes que lui, notamment l'imagerie cérébrale, et de travailler avec une trentaine de jeunes collègues scientifiques. En définitive, nous avons aujourd'hui à notre disposition les outils dont rêvaient déjà Platon et les médecins grecs pour comprendre les mécanismes du cerveau. Voilà pourquoi je ne pouvais refuser de retracer une si belle histoire !

Platon psychologue, vous n'y allez pas un peu fort ?

O. Houdé: Je lance un pavé dans la mare, c'est vrai. Je dis que la psychologie était déjà à l'œuvre dans la pensée dès l'Antiquité, mais qu'elle a été longtemps masquée par la philosophie. Ne pas l'admettre reviendrait à prétendre aussi que, dans l'étude des mécanismes de la vie, tout ce qui précède la biologie moléculaire relève exclusivement de la philosophie !

J'ai la conviction qu'au cours du XXe siècle, les philosophes se sont sentis en danger face à ces psychologues de plus en plus scientifiques et envahissants, jusqu'à menacer de prendre leur place. Dans les milieux universitaires, il y a alors eu un pacte implicite selon lequel chacun restait sur son territoire sans marcher sur les plates-bandes de l'autre. Les psychologues ont dit : « Reconnaissez-nous comme une discipline scientifique nouvelle et, en échange, nous laissons à la philosophie toute la réflexion qui précède. » Les choses n'ont jamais été formulées de manière aussi explicite, bien sûr, mais il y a bien eu, de fait, une sorte d'« arrangement épistémologique » de ce type.

Cet état d'esprit est toujours présent de nos jours et cela explique pourquoi beaucoup de mes collègues ont été très surpris à la lecture de mon livre, surtout venant d'un scientifique, qui plus est neuroscientifique. Un psychologue ne touche pas à la philosophie ni à cette longue histoire qui l'alimente ! De quoi se mêle-t-il ?

Oublions donc 1889. À quand remontent alors les débuts de la psychologie ?

O. Houdé: S'il fallait vraiment fixer un repère dans le temps, je dirais au XXXIIe siècle avant Jésus-Christ ! À cette période, on voit apparaître dans la mythologie égyptienne un homme à tête de chien penché sur une momie, le dieu Anubis qui pèse les âmes des morts pour décider de leur sort dans l'au-delà. On retrouve l'exacte réplique de la psychostasie – le terme qui désigne la pesée des âmes – jusque dans le christianisme, où l'archange saint Michel est souvent représenté avec une balance. Lui aussi est censé peser les âmes, le jour du Jugement dernier. Mesurer les âmes : voilà bien des manifestations de la psychologie qui résonnent avec nos études actuelles. Comment faire plus contemporain ?

Et la psychologie en tant que discipline scientifique, quand commence-t-elle ?

O. Houdé: Pour moi, son histoire débute dès l'instant où l'on s'interroge sur les rapports entre l'esprit et le cerveau. J'ai insisté pour faire figurer en couverture de ce livre un tableau de François-Édouard Picot, *L'Amour et Psyché*. Ce mythe de Psyché est le plus vieux récit de l'histoire de l'âme. Psyché, qui est fille de roi, est un être humain, donc mortel, matériel. Par son mariage avec Éros, elle devient un personnage divin. Avec Psyché, on est déjà dans la psychologie ainsi

que dans cette double dimension, avec le monde matériel, visible, biologique d'un côté et l'esprit invisible, éthéré de l'autre. Du mythe, la civilisation grecque est passée à l'âge du rationalisme et Platon, le premier, s'est posé des questions sur les origines et les mécanismes de la pensée. J'ouvre mon histoire avec lui, parce qu'on entre là au cœur de la psychologie. Comment se construisent nos connaissances au-delà des apparences? Où se logent-elles? Ce sont bien les mêmes questions qui guident nos recherches les plus avancées en sciences cognitives.

Le platonisme serait-il donc toujours d'actualité dans les laboratoires de psychologie?

O. Houdé: En effet. Platon suppose que nos idées sont innées, un peu comme si l'homme possédait un stock cognitif, un capital de départ, qu'il va chercher à réactiver, notamment par l'apprentissage et le travail mental. À l'époque des Lumières, Kant reprendra, après Descartes, cette conception de l'innéisme platonicien. De nos jours, c'est le cas d'une chercheuse en psychologie cognitive et comportementale comme Elizabeth Spelke, qui travaille à l'université de Harvard sur des programmes d'observation de très jeunes enfants, et même de bébés. Si l'on montre un objet à un bébé de quelques mois à peine, puis qu'on le dissimule, il va rechercher l'objet des yeux. Sans aucun apprentissage explicite, il « sait » que l'objet ne s'est pas volatilisé, qu'il existe toujours. On peut en conclure que la notion de permanence de l'objet est une forme de connaissance presque innée. D'autres expériences révèlent la présence de notions physiques ou même protomathématiques.

On imagine que Platon n'a pas inspiré à lui seul toute la recherche psychologique?

O. Houdé: En réalité, j'ai identifié deux grandes filiations. La première, innéiste, part de Platon et passe par Descartes et Kant. La seconde, empiriste, démarre avec Aristote, dont le traité *De l'âme* peut être considéré comme le premier ouvrage complet

fig. Olivier Houdé dirige le laboratoire de psychologie expérimentale du CNRS à la Sorbonne. © A. van der Stegen

fig. haut Dans la mythologie égyptienne, le dieu Anubis à tête de chien (que l'on voit ici sur une fresque de Louxor) pèse les âmes des morts pour décider de leur sort dans l'au-delà.
© De Agostini Picture Library/S. Vannini/Bridgeman Images

fig. bas Le mythe de Psyché est le plus vieux récit de l'histoire de l'âme. Psyché est représentée ici avec Éros (par François Édouard Picot, en 1817, Musée du Louvre). © P. Willi/Bridgeman Images

de psychologie. Chez lui, les idées ne sont pas innées : pour bien comprendre le monde, écrit-il, il faut établir un lien logique et rigoureux entre les choses et les mots. C'est le début de la psychologie du raisonnement, dont les prémisses s'appuient toujours sur le monde réel. Ses prolongements seront la logique médiévale des syllogismes, qui s'est un peu perdue dans le raisonnement à vide, puis le courant empiriste, incarné notamment par Locke et Hume, philosophes anglais des XVIIe et XVIIIe siècles. L'empirisme, qui s'attache d'abord à l'observation des faits extérieurs, a inspiré lui-même la psychologie du comportement, le behaviorisme, et jusqu'à l'imagerie cérébrale actuelle, qui cherche en quelque sorte à « calculer » nos raisonnements en observant l'activité du cerveau.

Là encore, je bouscule un peu la vision classique de l'histoire de la psychologie, néanmoins je récuse tout soupçon d'anachronisme. Quand on sait, par exemple, que des recherches neuroscientifiques sur les erreurs de jugement et sur le doute s'appuient sur des travaux de Descartes, dont on trouve déjà des antécédents au IVe siècle chez saint Augustin (*« Si je me trompe, je suis »*, écrivait-il), j'affirme que cette approche transhistorique est légitime et pertinente. Quand il s'agit de l'essentiel, c'est-à-dire des invariants cognitifs du cerveau, il ne faut pas avoir peur de comparer et de rapprocher les courants de pensée.

Une histoire linéaire et chronologique, décrivant l'évolution des théories ou les progrès des connaissances, n'a donc pas de sens selon vous ?

O. Houdé: Je reconnais avoir été surpris, en travaillant pour ce livre, de découvrir une forme de simplicité ou, j'aurais envie de dire, de « simplexté ». Je pensais pouvoir décrire comment les thématiques s'étaient renouvelées au fil du temps, or j'ai dû constater qu'en réalité, les mêmes questions étaient là dès l'origine et reviennent en permanence : l'innéisme, l'empirisme, les liens avec le cerveau... Ces interrogations ont traversé toute l'histoire. Cela peut surprendre les lecteurs, qui s'attendent à un récit chronologique, alors que je montre surtout les résonances entre les époques. Pour la clarté pédagogique du livre, je suis toutefois la linéarité des siècles et des grandes périodes historiques : Antiquité, Moyen Âge, Renaissance et Lumières, XIXe et XXe siècles.

Vous mettez également en lumière deux principes permanents, inhérents à la recherche sur l'esprit...

O. Houdé: Oui, il s'agit de la présomption de rationalité et du souci de la vérité dans le cerveau. Depuis toujours, la psychologie s'appuie sur un présupposé : le cerveau est logique, même si on ne l'observe pas forcément dans toutes ses tâches. Le monde est constitué d'objets multiples, uniques et permanents, y compris les êtres humains, et notre cerveau traite ces objets soit selon leur nombre – et cette action conduit aux mathématiques – soit selon leur qualité. Il classe alors ces objets par catégories – leur forme, leur couleur, etc. – et on entre là dans le domaine des taxinomies. La troisième étape du raisonnement logique ou formel intervient lorsque ce traitement porte sur des concepts ou des objets abstraits. Ce que nous appelons le domaine des hypothèses nouvelles : la science, l'art, etc.

Et le souci de la vérité ?

O. Houdé: Dans l'Antiquité, il fallait lutter contre les sophistes, ces orateurs très habiles qui manipulaient les raisonnements et contre les responsables politiques qui s'en servaient pour manipuler le peuple. L'arme contre cela fut les syllogismes d'Aristote, dont on connaît le plus célèbre : « Tous les hommes sont mortels, or Socrate est un homme, donc Socrate est mortel. » Le syllogisme était vraiment le moyen de garantir la justesse des raisonnements. Ce souci de la vérité était étroitement lié à la volonté de faire quelque chose d'utile pour la société. Plus tard, Montaigne a poursuivi le même idéal d'établir des règles simples pour une bonne éducation de l'esprit, suivi par Descartes et sa méthode.

C'est un invariant dans l'histoire de la psychologie que je montre : comment apprendre les raisonnements logiques solides, parce que la vérité est le rempart contre tous les excès intellectuels, idéologiques ou autres. Dans nos recherches, nous sommes exactement sur la même ligne.

La psychologie scientifique n'a-t-elle pas permis des progrès décisifs ?

O. Houdé: Il serait plus juste de parler d'une accélération, spectaculaire, qui s'est amorcée au XIXe siècle et ne s'est pas démentie depuis. À l'origine, les premières théories de Franz Joseph Gall, un neurologue allemand né au XVIIIe siècle, ont pu paraître un peu farfelues : il supposait qu'à tel moment et pour telle action, une partie bien précise du cerveau, visible par une bosse du crâne, expliquait les dispositions ou les facultés des individus, la «bosse des maths» par exemple. Malgré toutes les utilisations fantaisistes, pour ne pas dire néfastes, qu'on a faites à l'époque de la phrénologie, comme l'avait baptisée Gall, cette intuition de la localisation cérébrale était géniale et elle a permis de fixer deux principes majeurs de la neuropsychologie : toute fonction repose sur un organe, conformément aux lois de la biologie alors naissante ; et ces fonctions sont observables. Paul Broca, un neurochirurgien français, en apportera la preuve pour la première fois en 1861, en localisant chez un patient décédé l'aire du cerveau spécialisée dans le langage, la fameuse aire de Broca. On sait aujourd'hui que le problème est bien plus complexe et que le cerveau fonctionne par réseaux, mais les neurosciences et l'imagerie cérébrale que nous pratiquons avec des personnes vivantes sont le prolongement, beaucoup plus rigoureux en termes scientifiques, de l'intuition de Gall.

En quoi l'apparition de la biologie a-t-elle contribué à la science psychologique ?

O. Houdé: Le terme «biologie» est apparu au XIXe siècle avec Darwin notamment, mais l'idée d'une histoire naturelle libérée des croyances religieuses a été émise par Buffon un siècle plus tôt. Après lui, Lamarck a envisagé l'évolution des êtres vivants en prenant le point de vue de leur transformation au fil du temps. Darwin a repris cette perspective, mais en expliquant l'évolution des espèces par la sélection naturelle : ce processus, appelé aussi phylogenèse, se mesure en millions d'années. Cette hypothèse marque une étape très importante dans l'histoire de la psychologie parce qu'elle a permis d'introduire l'idée d'une autre évolution naturelle, celle de l'intelligence animale et humaine, à l'échelle de chaque individu, reprise au XXe siècle sous le nom d'ontogenèse par Jean Piaget. Dès lors, la psychologie peut s'inscrire dans une double échelle de temps : celle de l'évolution d'une espèce (phylogenèse) et celle de l'évolution à l'échelle d'une vie (ontogenèse), depuis les premiers jours du nourrisson jusqu'à l'âge adulte. Avec le développement des neurosciences, nous avons ajouté une troisième notion : la microgenèse du cerveau. On ne se situe plus à l'échelle d'une vie, mais dans des séquences très courtes, de l'ordre de quelques minutes, au cours desquelles on peut observer et mesurer des évolutions du système cérébral, qui apprend et s'adapte à une tâche cognitive. On peut aussi comparer le cerveau à différents âges de l'ontogenèse.

Par ailleurs, si le darwinisme a engendré des théories fumeuses, voire dangereuses, il a rendu possibles de vraies avancées scientifiques. En l'occurrence, quand on a voulu, comme Spencer, sélectionner les individus les plus aptes, il a fallu se donner les moyens de les identifier. C'est ainsi qu'est né à Londres, au début du XXe siècle, le premier laboratoire de psychologie différentielle : on comparait les individus avec des méthodes statistiques et on les classait par rapport à une moyenne. Ce furent, en Angleterre, les premiers pas de la psychométrie et des statistiques modernes.

Et les débuts d'une psychologie «mesurable» ?

O. Houdé: Là, il faut se tourner vers les premiers laboratoires de psychologie expérimentale

fig. haut Le philosophe anglais John Locke (1632-1704) incarne le courant empiriste, qui s'attache à l'observation des faits extérieurs. Avec David Hume (1711-1776), il a notamment inspiré la psychologie du comportement (behaviorisme).

fig. bas Jean Piaget (1896-1980), psychologue, a voulu comprendre comment se construisent les connaissances au fil de la vie à partir de données présentes dès la naissance. C'est la théorie du constructivisme.

(…) j'ai la chance de pouvoir utiliser l'imagerie cérébrale. En définitive, nous avons aujourd'hui à notre disposition les outils dont rêvaient Platon et les médecins grecs pour comprendre les mécanismes du cerveau.

en Allemagne. Au milieu du XIXe siècle, Gustav Fechner était convaincu que des liens unissent l'esprit à la matière, autrement dit que psychologie et physique sont liées en une «psychophysique»: à une sensation perçue doit correspondre la stimulation qui la provoque. Fechner rêvait de pouvoir mesurer l'intensité de l'une et de l'autre. Son héritier, Wilhelm Wundt, a voulu s'en donner les moyens scientifiques et a fondé un laboratoire à Leipzig. En supposant qu'un fait psychologique se traduit par un fait nerveux, il mesurait les temps de réaction entre un stimulus sensoriel administré à un sujet et sa réaction motrice. Wundt a ensuite étendu ce dispositif à toutes sortes de sensations, mais aussi aux raisonnements ou aux affects. Ses expériences ont eu un énorme retentissement et ont attiré des chercheurs et des étudiants du monde entier.

Notamment des Français?

O. Houdé: Oui, en particulier Théodule Ribot qui publiera un ouvrage sur la psychologie allemande contemporaine en 1879, avant d'occuper la première chaire de psychologie au Collège de France et d'être l'instigateur du premier laboratoire français de psychologie à la Sorbonne, que je dirige aujourd'hui. Ce laboratoire a aussi été dirigé par Alfred Binet, qui, dans les premières années du XXe siècle, y utilisait les instruments les plus modernes pour répondre à une demande pressante de la société: c'est l'époque où se met en place l'école publique et obligatoire et où l'on cherche à dépister le plus tôt possible les enfants exposés à un handicap intellectuel. Binet met au point des tests pour mesurer l'âge mental, qui deviendront quelques années plus tard le fameux QI, le quotient intellectuel inventé par l'Allemand William Stern.

Puis vient Piaget et son approche constructiviste, celle-là même qui inspire vos propres travaux?

O. Houdé: En réalité, la psychologie s'est ramifiée en différentes branches au XXe siècle, comme celle de l'étude expérimentale de la conscience, née aux États-Unis avec William James et reprise par les neurosciences cognitives aujourd'hui, et celle de la psychopathologie française, initiée par Pierre Janet, qui ouvrira la voie à Freud et à la théorie psychanalytique de l'insconscient – selon laquelle le patient peut libérer, en verbalisant ses pensées et associations d'idées, ce qui est refoulé dans l'inconscient et crée des névroses comme les obsessions, les angoisses ou les phobies.

Quant à Piaget, il s'est surtout employé à comprendre comment se construisent les connaissances au fil de la vie à partir de données présentes dès la naissance. Cette théorie du constructivisme compte beaucoup à mes yeux parce qu'elle est la première à faire la synthèse des deux grandes filiations évoquées plus haut: l'innéisme et l'empirisme. C'est une formidable synthèse, même si les recherches actuelles montrent que Piaget n'avait qu'en partie raison: la logique des raisonnements élaborés qui lui était chère se révèle être en compétition avec les automatismes rapides, que nous appelons heuristiques. On reconnaît, avec le Prix Nobel d'économie Daniel Kahneman, que le système qui utilise les heuristiques domine, même chez l'adulte, parce que c'est celui que le cerveau utilise le plus souvent et qu'il est en général efficace. Mais dans certains cas, il faut apprendre à savoir bloquer ces heuristiques pour activer les bons raisonnements.

Ces recherches sont très utiles dans les problématiques liées aux formes de pensée extrême, comme c'est le cas aujourd'hui de la radicalisation idéologique ou religieuse conduisant au terrorisme que j'étudie avec mon équipe, ici même au laboratoire de psychologie de la Sorbonne. Nous n'avons pas la prétention d'y apporter des solutions miracles, mais si l'on peut observer comment un raisonnement logique ou moral est fragilisé par des automatismes trop simples de pensée, on peut envisager certaines corrections. Cela conduit à une forme de neuro-éducation. Nous poursuivons d'ailleurs un grand programme de recherche avec 150 enfants observés en imagerie cérébrale, à qui nous apprenons à contrôler ces erreurs d'automatismes cognitifs sur des tablettes numériques et donc à être moins perméables aux influences. On retrouve ainsi les thématiques de Montaigne ! Les technologies sont nouvelles, mais les préoccupations fondamentales sur la fragilité de l'esprit sont les mêmes.

Ávila/Villani : 2 hommes qui comptent

Ce sont deux géants des mathématiques françaises contemporaines : Cédric Villani, lauréat 2010 de la médaille Fields, et Artur Ávila, lauréat franco-brésilien de cette même récompense en 2014, la plus prestigieuse de leur discipline, s'étaient donné rendez-vous au siège du CNRS. Dans une discussion à bâtons rompus, ils évoquent l'impact de la médaille Fields sur leur vie, la manière dont ils voient leur travail de recherche ou encore les raisons du succès de l'école mathématique française.

discussion animée par Christoph Sorger, directeur de l'Institut national des sciences mathématiques et de leurs interactions (Insmi) du CNRS
les chercheurs Cédric Villani est directeur de l'Institut Henri-Poincaré [1] et Artur Ávila est membre de l'Institut de mathématiques de Jussieu-Paris Rive Gauche [2].
lieu siège du CNRS, Paris

mots-clés médaille Fields, Poincaré, France-Brésil, IRM
à écouter https://lejournal.cnrs.fr/audios/villani-avila-la-rencontre-au-sommet

Cédric Villani et Artur Ávila, le fait d'avoir reçu la médaille Fields a-t-il changé votre vie ?

Cédric Villani: Au début, quand on me posait cette question sur les plateaux de télévision, je répondais : « Il est encore trop tôt pour le dire, on verra bien. » Plusieurs années après, je peux affirmer que, oui, cela a changé ma vie, sans aucun doute possible. Bien au-delà de ma trajectoire professionnelle, la médaille Fields a été un tremplin social et médiatique qui a pris des proportions considérables. Elle m'a aussi permis de réaliser des opérations de communication et de faire avancer des projets qui auraient été impossibles à mener sans elle. Il est fréquent que les gens m'abordent dans la rue, viennent discuter de mathématiques, me dire qu'ils n'y comprennent rien mais qu'ils sont très heureux de m'entendre en parler ou qu'ils veulent absolument que je vienne faire un exposé

dans leur école, dans leur université ou dans leur entreprise. On se rend compte, et cela a été la grosse leçon que j'ai tirée de ces années, à quel point tout le monde aime les chercheurs quand ils s'expriment et souhaite les voir prendre davantage de place dans l'espace public. Au fur et à mesure que je l'ai constaté, je me suis souvenu de ce que disait John Nash, l'un de mes héros en mathématiques [3]. J'ai la plus grande admiration pour ses travaux, en particulier ceux sur la régularité des équations de dérivées partielles. Il n'a pas été récompensé par la médaille Fields, mais ce qu'il a fait était nettement au-dessus de ce qu'il « suffit » d'accomplir pour l'obtenir ! Il n'a jamais digéré de ne pas l'avoir eue et répétait, longtemps après : « Cela aurait changé ma vie. » Quand j'ai lu cette phrase, je me suis dit que, quand même, Nash exagérait. C'était l'un des très rares scientifiques à avoir été le héros d'un film hollywoodien de son vivant. Mais, une fois qu'on a obtenu ce prix, on se rend compte que beaucoup d'attentes et de potentialités se cachent derrière, à l'extérieur de la communauté beaucoup plus qu'à l'intérieur.

Artur, cela fait moins longtemps que tu as reçu la médaille. C'était à Séoul, en août 2014. Comment l'as-tu vécu ?

Artur Ávila: Aussitôt après l'événement, évidemment, il y a eu un peu de pression pour s'exprimer, dans les médias notamment. J'ai l'impression que l'intérêt pour les mathématiques en France est bien plus grand que dans d'autres pays. C'est intéressant qu'ici on donne autant d'importance à un prix comme celui-ci. Je ne sais pas pourquoi ce n'est pas pareil ailleurs. Pour ma part, cela m'intéresse de profiter de cette occasion pour faire avancer les maths au Brésil, mon pays d'origine : là-bas, elles sont en bonne voie, mais il n'est pas gagné que les choses continuent dans ce sens. Le prochain Congrès international des mathématiciens (ICM) aura lieu en 2018, à Rio de Janeiro. Je vois un peu comme un devoir le fait de rester présent, selon mes possibilités car je n'ai pas de compétence particulière pour ce genre de choses, et de contribuer à ce que les mathématiques fassent davantage partie de l'imaginaire collectif.

fig. Artur Ávila ©S. Ruat/CNRS Photothèque

[1] Unité CNRS/Université Pierre et Marie Curie
[2] Unité CNRS/Université Paris Diderot/Université Pierre et Marie Curie

[3] John Nash est décédé le 23 mai 2015, quatre jours après avoir reçu le prestigieux prix Abel. Cédric Villani lui rend hommage sur son blog : http://cedricvillani.org/breve-rencontre-in-memoriam-john-nash

Quand je suis revenu du Congrès de Séoul, des collègues d'autres disciplines m'ont interrogé: «Comment expliquer que les maths soient aussi bonnes en France?» C'est une question que les journalistes posent aussi régulièrement. Cédric, Artur, des réponses?

C. Villani: Je vais tout d'abord rebondir sur ce qu'Artur vient de dire. Il est certain qu'en France, l'intellectuel est toujours écouté. Certains se plaignent que cette voix ne porte plus assez dans l'espace public, mais s'ils vont aux États-Unis, ils constateront que la situation est bien pire là-bas. Chez nous, on associe un grand prestige à la recherche, en particulier aux mathématiques. Il y a quelque temps déjà, on classifiait les différentes disciplines scientifiques et on avait l'habitude de placer la mathématique au sommet. C'est resté dans l'esprit de beaucoup de gens. Même ceux qui n'ont aucune sympathie pour cette discipline ont en tête que c'est la plus illustre et la plus respectable de toutes. Il faut tenir compte du poids de l'histoire. En France, au XVIIIe siècle, la révolution des Lumières a eu un impact considérable au niveau mathématique et on a vu fleurir des légions de mathématiciens d'une très grande valeur. Puis ce fut la Révolution française, et avec elle beaucoup d'idéaux, le besoin de faire des choses absolues, de redéfinir les unités de mesure du temps et de l'espace, de tout réformer. Il y avait de nombreuses missions à confier aux mathématiciens. Ensuite, Napoléon est arrivé au pouvoir, le dirigeant mathématicien, de très loin le plus mathématicien qu'on ait jamais eu en tout cas, et il a fait tout ce qu'il pouvait pour favoriser la discipline. Nous sommes donc restés dans ce courant initial: la masse des savants mathématiciens, à Paris tout particulièrement, a continué à s'entretenir, peut-être jusqu'au désastre de la Première Guerre mondiale, qui a été le seul moment où la position française a été battue en brèche sur le plan international. Mais c'est aussi une question d'esprit et de culture. Quand mes collègues étrangers me demandent: «Qu'est-ce qui se passe avec vous?», je leur réponds: «En mathématiques, il s'agit de chercher les vérités ultimes, les

fig. Cédric Villani ©S.Grangier/REA

plus abstraites possibles, et d'expliquer au monde entier quelle est la solution, alors ce sont évidemment les Français, persuadés qu'ils ont raison, qui le font dans tous les domaines ! »

Ton avis, Artur, avec un point de vue brésilien ?

A. Ávila : La question de la tradition est en effet importante. Le fait qu'il y ait une histoire des mathématiques en France attire les chercheurs de partout. Il est évident que je suis venu ici parce qu'on trouve une grande école dynamique. Il faut que les mathématiques soient valorisées à plusieurs niveaux de la société, et c'est une caractéristique que je constate en France, notamment au niveau du processus de sélection. J'ai cru comprendre que la sélection est très axée sur cette discipline, de sorte que les étudiants font des maths assez difficiles, à un niveau plus élevé que dans les autres pays. Ils en font parce qu'ils le doivent pour aller là où ils veulent et, en rencontrant cette discipline, certains choisissent cette carrière. Ailleurs, on peut prendre contact avec les mathématiques de diverses façons : les Olympiades, par exemple, marchent très bien dans les pays de l'Est ou au Brésil. En ce qui me concerne, ce sont elles qui m'ont aidé à faire la transition vers les études, alors qu'en France elles n'existent pas. Pour certains, les Olympiades sont juste un jeu, pour d'autres, c'est une passion ou la possibilité d'étudier à fond.

C. Villani : Je confirme ce que dit Artur. Je n'ai jamais participé à des Olympiades ni même au concours général. C'est simplement le système qui m'a fait avancer : j'aimais bien « les maths », alors j'ai continué dans cette voie, j'ai fait une classe préparatoire puis, pour approfondir, l'École normale supérieure... Je ne me suis jamais posé de questions, je me suis contenté de suivre le processus. Et, dans une certaine mesure, cela a marché ! Cela fonctionne aussi parce qu'il y a tout un ensemble d'institutions. Bien entendu, le système des grandes écoles n'est pas étranger aux succès internationaux. Je ne dis pas que seules les grandes écoles sont importantes, loin de là – je suis moi-même professeur à l'université – mais, comme catalyseur des plus motivés, elles jouent un rôle considérable. Tous les médaillés Fields français, sauf Artur, sont passés par l'École normale supérieure. Avec l'Université de Princeton, c'est l'institution dans le monde qui a vu défiler le plus de médaillés Fields. Il faut noter par ailleurs que le milieu de la recherche mathématique français est extrêmement structuré : encadré localement par des règles que se fixent les chercheurs et globalement par l'action du CNRS. Je pense que c'est la discipline dans laquelle nous sommes les plus enclins à reconnaître le CNRS comme une autorité à suivre, et nous sommes tous très attachés au rôle de coordinateur de l'organisme. L'aménagement du territoire est bien pensé ; sur ce sujet mon exemple est presque idéal : j'ai fait ma carrière entre Paris et Lyon, et le fait que j'ai passé neuf ans à l'École normale supérieure de Lyon a joué un rôle déterminant dans la formation de mes intérêts scientifiques et de ma production mathématique. Enfin, les chercheurs ont pris un ensemble d'habitudes : on évite le recrutement local autant que possible, on est attentif à développer telle et telle discipline, à ne pas laisser se créer des chapelles et des spécialités, à permettre aux jeunes de bouger, ce qui fonctionne bien.

Je voudrais faire une remarque en résonance avec ce qu'a dit Artur sur l'internationalisation de la discipline. Il y a eu quatre médailles Fields et aucun des médaillés ne travaille dans le pays où il est né. L'Autrichien Martin Hairer travaille à l'université anglaise de Warwick, le Canadien Manjul Bhargava aux États-Unis et l'Iranienne Maryam Mirzakhani, la première femme à recevoir la médaille Fields, est professeure à l'Université de Stanford. Je pense que, pour l'Iran, cette récompense était très importante ; le président iranien a même twitté une photo de la chercheuse. Qu'en est-il du Brésil, Artur ? Je crois que ta médaille a provoqué une grande joie à Rio de Janeiro...

(…) Le fait qu'il y ait une histoire des mathématiques en France attire les chercheurs de partout. *A. Ávila*

A. Ávila: Oui, elle représente quelque chose de spécial là-bas parce qu'il n'y a pas la même tradition de recherche. Les Brésiliens qui ne sont pas dans le milieu de la recherche se posent souvent la question de savoir si l'on peut faire des maths, de la science de haut niveau, au Brésil. C'est après les Olympiades que j'ai décidé de faire des mathématiques parce que cet événement m'a permis d'entrer en contact avec l'Institut de mathématiques pures et appliquées (IMPA) et ses excellents mathématiciens. Il y avait des échanges internationaux, on rencontrait des médaillés Fields assez facilement. C'est important que les Brésiliens sachent que des choses de haut niveau se passent dans leur pays. Cela peut les motiver à s'engager dans la voie des mathématiques, ce qui est peut-être la conséquence la plus importante. Y'en aura-t-il d'autres ? Il est un peu plus délicat de prévoir ce qui va se passer dans le pays au niveau de l'éducation, parce que les difficultés sont nombreuses. On réussit à atteindre un très haut niveau en maths car cela ne demande pas beaucoup d'argent ou une organisation spéciale, et qu'on ne dépend pas de grands laboratoires. Les chercheurs travaillent souvent de manière isolée, en petits groupes. Les problèmes d'éducation, eux, sont bien plus compliqués à régler. Le Brésil est un immense pays dont les difficultés sont structurelles, mais j'ai un petit espoir que ma médaille motive les gens. J'ai lu quelque part qu'un peu plus d'étudiants en licence s'intéressent aux maths. On verra, c'est trop tôt pour le dire.

Il faudra effectivement un peu de recul. Quand on parle de ton domaine, Artur, les systèmes dynamiques, qui est aussi un point fort au Brésil, on pense à Henri Poincaré: vois-tu une continuité entre tes travaux et les siens ?

A. Ávila: Poincaré est sûrement l'un des fondateurs des systèmes dynamiques. À l'IMPA, on raconte toujours la même histoire. Il avait écrit un mémoire pour tenter de remporter le prix du roi Oscar II de Suède et, ce faisant, avait réalisé des avancées formidables dans le domaine de la mécanique céleste. Après avoir gagné, il a continué à étudier le sujet et remarqué qu'il avait commis une erreur. Comme son mémoire avait été imprimé, il a demandé à ce qu'on le retire de la circulation. Je ne connais pas les détails de cette histoire mais, apparemment, il a dû payer pour le faire et, au final, le prix Oscar II ne lui a pas rapporté d'argent. Poincaré a compris que les systèmes dynamiques étaient beaucoup plus compliqués que ce qu'il imaginait; il a découvert l'existence des « points homoclines ». C'est une chose difficile à expliquer et il a lui-même constaté qu'il n'y arrivait pas ! Je ne vais donc pas exprimer en un mot ce qu'il n'est pas parvenu à décrire dans son mémoire... Actuellement, nous sommes toujours en train de faire des découvertes liées à ces points. Je pourrais dire qu'il y a une continuité assez naturelle entre cela et les attracteurs de noms, les dynamiques d'applications quadratiques, qui étaient le sujet de ma thèse, et toutes les dynamiques qu'on étudie maintenant.

Oui, en effet, c'est une vraie continuité. Et pour toi, Cédric ?

C. Villani: Je vais compléter les propos d'Artur. Gösta Mittag-Leffler, le grand complice suédois de Poincaré, a récupéré tous les exemplaires de la revue *Actes mathématiques* dans laquelle avaient été publiés ces résultats et les a passés au pilon, sauf deux ou trois qui sont aujourd'hui conservés à l'Institut Mittag-Leffler [4]. Poincaré a payé les frais de destruction, ce qui lui a coûté plus cher que ce que lui avait rapporté le prix du roi Oscar II. On aime bien l'histoire quand elle comporte de tels rebondissements et des erreurs: elle montre que Poincaré était faillible, comme tout un chacun, alors qu'il était certainement le plus grand mathématicien de son époque ! Pour ma part, je ne retiendrai pas tellement l'aspect système dynamique, mais sa volonté de développer dès le départ la physique et la mathématique. Au début du XXe siècle, il a esquissé des programmes assez visionnaires sur ce qu'allait devenir l'étude des équations aux dérivées partielles. En fait, comme il a travaillé sur tout, à peu près n'importe quel mathématicien peut trouver une connexion avec lui. Poincaré avait ce côté rassembleur de toute la communauté scientifique, il étudiait mathématique et physique, il était ingénieur, il pratiquait la philosophie. Et tout le monde le connaissait, il avait ce côté universel. Un autre aspect dans lequel je peux me reconnaître, c'est l'importance qu'il attachait à communiquer: il a écrit des textes de science et participé à des ouvrages pour expliquer la science aux enfants, dans une démarche qui paraît toujours aussi moderne. C'est pourquoi à l'Institut Henri-Poincaré, inauguré en 1928 mais « refondé » il y a un peu plus de vingt ans, on anime la recherche mathématique dans toutes ses facettes : d'abord par le contact avec des invités qui viennent d'un peu partout sur des thématiques sans cesse renouvelées ; ensuite par le soutien logistique aux associations et institutions de promotion des mathématiques françaises ; enfin, en communiquant auprès de tous les segments de la société. Pour prendre un exemple lié aux concours de type Olympiades, nous sommes associés au concours Kangourou afin que les lauréats puissent recontrer des chercheurs reconnus, des médailles Fields...

Nous sommes très attachés à diffuser une culture mathématique. C'est important pour notre société où l'on voit dans les trente dernières années une émergence de cette discipline en interaction avec les autres sur des questions importantes. Cédric, à Séoul, nous avions assisté à un exposé sur une application étonnante : l'imagerie médicale.

C. Villani: Le Français Emmanuel Candès, qui est en poste à Stanford, nous a raconté comment ses recherches en statistique et intelligence artificielle, en l'occurrence les méthodes de parcimonie, avaient des applications remarquables. C'était à la fois étonnant d'un point de vue mathématique et important du point de vue médical. L'IRM fait partie de ces opérations de tous les jours qui reposent sur un principe mathématique, même si on n'en a pas conscience. Lors d'une IRM, l'exploration s'effectue à l'aide de rayons qui réalisent une image. Celle-ci s'apparente à une transformée de Fourier, un objet

[4] Ces exemplaires avaient été perdus et ont été retrouvés à Lund, en Suède, il y a quelques années. Ils ont maintenant regagné l'Institut Mittag-Leffler.

fig. À l'Institut Henri-Poincaré, à Paris

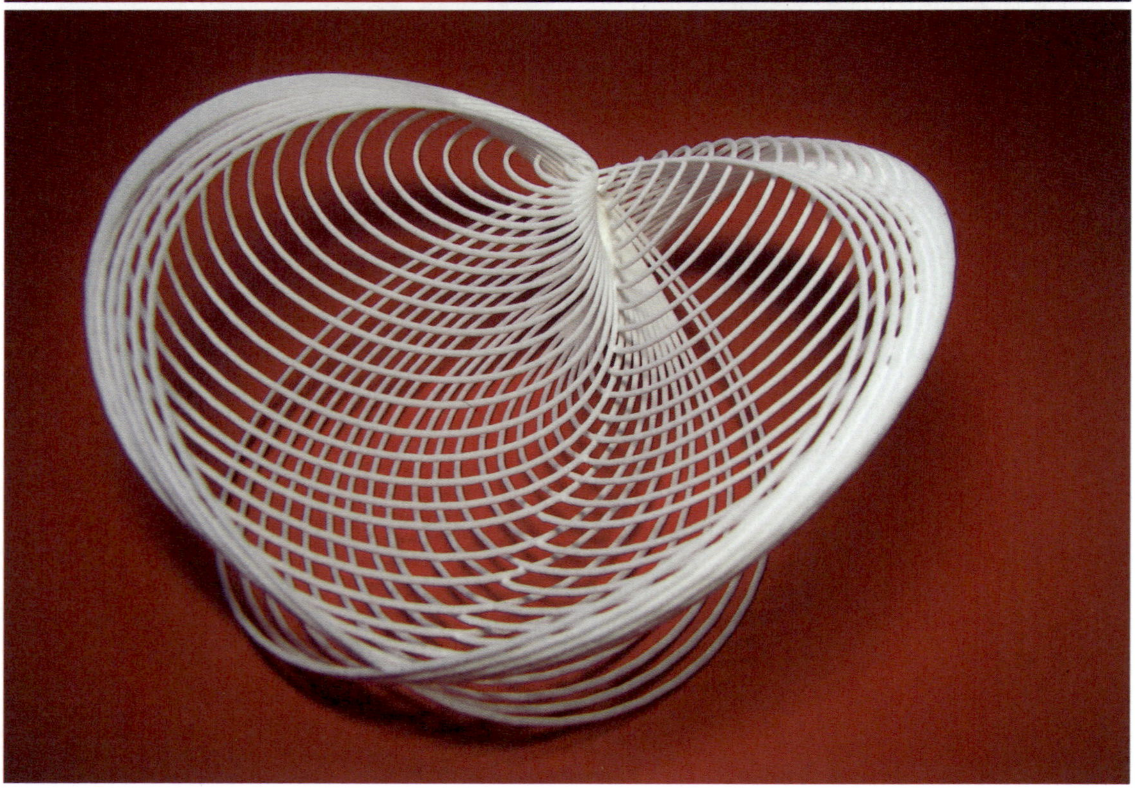

fig. haut et bas Cet objet 3D représente une cardioïde, une courbe très commune en mathématique, définie par une équation. Il a été obtenu par impression 3D à partir de modèles informatiques.

bien connu des mathématiciens. Il s'agit ensuite d'inverser cette transformée de Fourier pour reconstituer l'image des organes. À l'heure actuelle, la collecte des données demande deux minutes, pendant lesquelles le patient doit rester complètement immobile. Deux minutes pour un enfant malade, cela peut être vraiment très compliqué. Emmanuel Candès nous a expliqué comment, lors d'une collaboration avec des médecins, il avait pu mettre à profit son expertise en reconstitution d'informations manquantes pour ramener ces deux minutes à seulement quinze secondes avec des avantages évidents. Dans ses travaux avec divers collaborateurs dont Terence Tao, il a montré que, le plus souvent, pour constituer une image pertinente, on a besoin de beaucoup moins que la totalité de l'information. Dans certains cas, avec seulement 2 % des données, vous parvenez à reconstituer l'information utile. Avec des exemples comme celui-ci, on saisit l'un des drames du monde actuel : l'information est perdue dans les données, et le problème est de parvenir à trouver celle qui compte.

En quinze secondes, les médecins réalisent des scanners qu'ils ne pouvaient pas réaliser auparavant, c'est un vrai progrès... Voici un autre exemple, qui date de l'Antiquité : à l'époque, on ne se posait pas la question de savoir si la Terre était plate ou ronde, on savait qu'elle était ronde, mais on se demandait comment faire pour calculer sa circonférence.

C. Villani : On doit la réponse à Ératosthène, l'un des cinq mathématiciens de l'Antiquité grecque qui ont donné le ton pendant des millénaires en termes de références culturelles. Il avait appris que certains jours de l'année, le Soleil se reflétait exactement à la verticale dans un certain puits. Il en a déduit, par l'application des règles élémentaires de trigonométrie, la mesure de la circonférence de la Terre. Le calcul était malin, précis, avec une erreur de moins de 2 %. Grâce à lui, on voit bien comment, par un raisonnement et un calcul mathématiques, on peut changer la représentation que l'on a du réel. Sa démarche montre aussi que le plus important n'est pas la technique mathématique mais l'intuition. Cet exemple extrêmement marquant prouve que, en combinant une certaine dose de technologie mathématique avec la bonne intuition, on parvient à des résultats qui, sans aller jusqu'à dire qu'ils changent votre vie de tous les jours, changent quand même ce que l'on sait, ce que l'on voit de notre environnement. Cela nous rappelle que les sciences mathématiques ont été créées pour résoudre des problèmes du monde qui nous entoure.

Artur, pour obtenir la médaille Fields, il faut avoir moins de 40 ans. L'idée sous-jacente est qu'il s'agit d'honorer un début de carrière fracassant. Quelles recherches souhaites-tu poursuivre ?

A. Ávila : Je n'aime pas trop penser à de futurs projets grandioses parce qu'en général, je vois les choses surgir de façon bien plus naturelle, en travaillant au jour le jour. On étudie, on essaye de comprendre mieux, on rencontre de petits problèmes, on les regarde... Et c'est en faisant ce travail quotidien que, parfois, on découvre quelque chose qu'on peut reconnaître comme utile dans un contexte différent. Donc ce n'est sûrement pas en se focalisant directement sur les gros problèmes qu'on fait des découvertes. En regardant ailleurs, on repère d'autres objets mathématiques et ils deviennent les sujets de la recherche. Je n'ai jamais réussi à prévoir cinq ans à l'avance où je serais. Je pense – du moins j'espère – que la médaille Fields ne changera rien à ma manière de faire. Je continue à tenter de mieux comprendre les objets qui m'intéressent tout en étant prêt à identifier, quand cela pourra être utile, d'autres problèmes importants. Je discute en permanence avec des collègues qui me font découvrir des choses intéressantes.

En effet, les mathématiciens n'aiment pas beaucoup dire à l'avance ce qu'ils vont démontrer parce qu'ils ne le savent pas. Souvent, on travaille sur un sujet, puis c'est un autre qui arrive... et on constate alors que ce qu'on est en train de faire permet de

fig. haut et bas À l'Institut Henri-Poincaré, à Paris ©V.Moncorgé/ Bloomartists.ch/Look At Sciences

(...) Les mathématiques ont été créées pour résoudre des problèmes du monde qui nous entoure. *C. Villani*

le résoudre. Sauf que, l'année précédente, on ne le savait pas encore, parce qu'on n'était pas encore confronté à ce problème-là. C'est une réponse tout à fait habituelle pour des mathématiciens! Et ce n'est pas toujours facile pour nous, quand on écrit des projets, d'établir à l'avance ce que nous allons faire. Une dernière question me paraît importante, elle a trait au renouvellement des maths. Quel message faire passer aux élèves et aux étudiants? Comment peut-on les inciter à s'orienter vers ce domaine en plein développement?

Cédric Villani: Artur et moi avons l'air de bien nous porter... Je n'ai jamais regretté de m'être lancé dans cette carrière et cela n'a pas l'air d'être le cas d'Artur non plus. D'une manière générale, la recherche est un domaine satisfaisant intellectuellement, où vous êtes sans arrêt confronté à des surprises. Cela mène à beaucoup de choses. Si devenir chercheur est une fin en soi, cela peut être aussi un tremplin vers d'autres carrières, on le comprend bien mieux aujourd'hui, et c'est même l'enjeu qui sous-tend les manifestations organisées autour de l'innovation. On sait que la thèse développe des qualités utiles à toutes sortes de métiers, notamment celui d'entrepreneur. C'est aussi utile pour la société! Il y a quelque temps est parue une étude du cabinet Deloitte qui a surpris beaucoup de monde: elle estimait qu'environ 16% du PIB anglais était directement dépendant de la recherche mathématique. Cette étude a été refaite en France: elle est arrivée à un montant sensiblement équivalent. Les disciplines mathématiques dans leur ensemble ont actuellement un impact important et qui augmente. Cela peut motiver à se lancer dans la carrière. Cela dit, pour beaucoup, ce qui va les inciter, c'est juste de leur dire: «Vous aimez les maths, alors continuez, approfondissez, il y a vraiment de belles choses à faire.»

A. Ávila: Personnellement, je ne suis pas très motivé par les applications... Je dirais qu'il est important de valoriser la notion de créativité. On peut présenter les maths de plusieurs façons. Cette matière peut paraître morte, assez dure, avec des règles qui sont juste des règles. Mais ce sont elles qui permettent d'être créatif. La partie mécanique, tout le monde sait le faire, il n'y a pas besoin d'être un bon mathématicien pour y parvenir. Ce qui fait la différence entre une recherche qui aboutit et une qui n'aboutit pas, c'est la créativité. En mathématique, nous n'avons pas les contraintes de la réalité, c'est donc une discipline beaucoup plus proche du domaine artistique que de sciences dures comme la physique.

C. Villani: Je crois qu'Artur a raison : ces dernières années, les deux sujets sur lesquels on m'a le plus souvent demandé d'intervenir sont l'innovation et la créativité. Pour beaucoup de gens, interroger un mathématicien est le moyen de faire surgir des idées sur la créativité. Et je vais terminer en citant Poincaré, comme il se doit : *« C'est par la logique que nous démontrons, mais c'est par l'intuition que nous découvrons; sans elle, le géomètre serait comme un écrivain qui serait ferré sur la grammaire, mais qui n'aurait pas d'idées. »* ■

Bourbaki, une révolution en héritage

Nicolas Bourbaki. Derrière ce nom, celui d'un personnage imaginaire, un collectif de mathématiciens français a profondément renouvelé la vision des mathématiques. En dépit de sa reconnaissance internationale, Bourbaki demeure pourtant un groupe nimbé de mystère.

article écrit par Sylvain Guilbaud
date 1935 – aujourd'hui
lieu Quartier latin (entre autres)
mots-clés collectif, axiome, mystère, éléments

Quatre-vingts ans d'activité scientifique continue. Pour tout autre chercheur, cette longévité serait exceptionnelle. Pas pour Nicolas Bourbaki, grande figure des mathématiques du XXe siècle. Mais si Bourbaki reste entouré de mystères, sa jeunesse sans fin n'en est pas un, car sous ce nom se cache un collectif de mathématiciens. Un collectif progressivement renouvelé, qui œuvre à une présentation structurée de la discipline sous la forme d'un traité monumental.

En juillet 1935 cependant, l'ambition est encore modeste. Neuf mathématiciens se réunissent à Besse-en-Chandesse, près de Clermont-Ferrand, et adoptent le nom de Bourbaki. Ils ont environ 30 ans. Il y a André Weil et Henri Cartan, mais aussi, entre autres, Claude Chevalley, Jean Delsarte et Jean Dieudonné. Tous sont issus de l'École normale supérieure de Paris, à l'exception de Szolem Mandelbrojt. Pour l'heure, ce sont de jeunes professeurs des universités exerçant en province. Ils se sont connus au cœur du Quartier latin et c'est dans un café du boulevard Saint-Michel qu'ils sont tombés d'accord pour dépoussiérer les manuels d'analyse mathématique qu'ils jugent inadaptés.

Les Bourbaki décident d'adopter une présentation axiomatique pour leur traité. Les règles de base (les axiomes) sont clairement formulées et les théorèmes en sont déduits par des raisonnements logiques tout en ayant des énoncés sans

couches successives. Leur objectif est de fournir une colonne vertébrale aux mathématiques, hiérarchisée par des structures abstraites. *« Or, pour exposer rigoureusement les fondements de l'analyse, il faut d'abord présenter un peu d'algèbre, de topologie, de théorie des fonctions, etc. »*, explique Antoine Chambert-Loir, mathématicien à l'Université Paris-Sud. Le projet prend donc de l'ampleur et devient les *Éléments de mathématique*. Le terme « éléments » renvoie consciemment à l'œuvre du mathématicien de l'Antiquité Euclide et à sa démarche axiomatique. Quant à l'usage de la mathématique, au singulier, il exprime la profonde unité de la discipline telle que la voit Bourbaki. La publication commence en 1939 par le volume qui porte sur la théorie des ensembles.

Humour potache et rigueur

Les *Éléments de mathématique* sont rapidement un succès, tant en France qu'à l'étranger, et trouvent leur place dans les bibliothèques mathématiques. Ils renouvellent complètement la vision de la discipline. Ils instaurent aussi une nouvelle terminologie. Beaucoup de ces termes et symboles font aujourd'hui partie du vocabulaire de base de tout mathématicien ; comme Ø, qui représente l'ensemble vide. Son style austère et épuré contraste toutefois avec la vie interne du groupe. Du moins ce que l'on en sait car, le succès venant, le secret enveloppe Bourbaki. En privé, l'autodérision règne et les blagues potaches fusent, dans la digne tradition des canulars de normaliens dont est issu le nom même de Bourbaki. Il ferait référence, selon une des versions de la légende, à une conférence pastiche donnée en 1923 par un élève de l'École normale supérieure, conclue par la démonstration incompréhensible d'un extravagant « théorème de Bourbaki ». Leur travail durant les congrès qui se tiennent plusieurs fois par an est néanmoins acharné. Chaque chapitre destiné à publication est lu point par point à haute voix en congrès. Il subit alors une démolition critique, parfois virulente. Un deuxième membre est chargé de rédiger une nouvelle version du texte. Et ainsi de suite jusqu'à ce

fig. Rencontre du groupe Bourbaki
à Besse-en-Chandesse, en juillet 1935

qu'un accord soit trouvé. Le collectif connaît son âge d'or dans les années 1950-1970.

Parallèlement à la publication des *Éléments*, le groupe organise le séminaire Bourbaki, qui participe aussi à sa réputation. Plusieurs fois par an, des mathématiciennes et des mathématiciens du monde entier y sont invités à donner des conférences sur des sujets de recherche actuels choisis par le groupe. Toujours en secret, Bourbaki se renouvelle, nul ne pouvant y rester après avoir atteint l'âge de 50 ans. On sait cependant que des noms de mathématiciens de premier plan lui sont associés, dont ceux de Jean-Pierre Serre, Laurent Schwartz et Alexandre Grothendieck. C'est une période d'effervescence pour les mathématiques françaises, avec le développement de la géométrie algébrique en particulier. Bourbaki acquiert un poids institutionnel considérable, sa vision s'impose dans l'enseignement supérieur.

Le temps des critiques

Néanmoins, le groupe suscite des critiques sur son influence, mais aussi sur son style, trop aride selon certains, avec trop peu d'exemples et de dessins. On reproche au traité certains partis pris, par exemple dans sa présentation de la théorie de la mesure, peu adaptée au développement des probabilités, mais aussi l'absence de la théorie des catégories. On reproche également parfois à Bourbaki son rôle dans la réforme des « maths modernes ». Mise en place au lycée autour des années 1970, elle fut ambitieuse en théorie, mais abstraite jusqu'à l'absurde dans ses programmes et elle se solda par un échec. Toutefois, l'influence véritable de Bourbaki dans sa promotion est probablement nulle. Jean Dieudonné certes était membre de la commission qui a pensé la réforme, mais il en a démissionné dès 1970.

Depuis les années 1980, le poids de Bourbaki a considérablement diminué. Le flot de publications des *Éléments* s'est réduit jusqu'à se tarir presque. Le dernier volume date de 2012. Il faut ensuite remonter à 1998 pour trouver trace d'une autre publication. L'ambition initiale de fournir une vision générale des mathématiques a explosé avec l'expansion buissonnante de la discipline. Néanmoins, Bourbaki est toujours présent dans l'esprit des jeunes mathématiciens. « *J'appartiens à une génération pour laquelle "bourbakiste" est un mot péjoratif. Je fais pourtant partie de ceux qui pensent que leur héritage est fondamental* », souligne Cédric Villani, le directeur de l'Institut Henri-Poincaré.

C'est d'ailleurs dans cet édifice du Quartier latin que se déroule encore le séminaire Bourbaki. « *Ce séminaire généraliste est un reste de l'utopie initiale* », glisse Antoine Chambert-Loir, qui reconnaît être très impliqué dans son organisation Mais lorsqu'on lui demande s'il fait partie de Bourbaki, il élude la réponse par un sourire. Le secret demeure. On murmure cependant qu'un nouveau volume des *Éléments de mathématique* pourrait sortir bientôt... Quatre-vingts ans plus tard, Bourbaki est encore là. ■

Comme un avion sans ailes

Le *Piloteur Lender* est destiné à former au sol les élèves pilotes. Cet engin, dont les premiers essais ont lieu en 1920, doit surtout permettre de leur donner les réflexes qu'exige le maniement d'un avion. À l'époque, l'armée en attend beaucoup : elle ne dispose pas des appareils nécessaires à la formation de tous ses élèves et espère que le « piloteur » permettra de réduire le nombre d'accidents dont sont victimes les jeunes recrues. Ce cliché a été publié dans l'une des revues de l'Office national des recherches scientifiques et industrielles et des inventions, l'ancêtre du CNRS.

Le solaire, léger comme l'air

l'auteur L'objectif de Jean-François Guillemoles est d'inventer des systèmes pour convertir l'énergie photovoltaïque. Il est le directeur français de NextPV, Laboratoire international associé entre le CNRS et l'Université de Tokyo, où il est également professeur invité.

mots-clés énergie, ballons, nuages, solaire, photovoltaïque

Recueillir l'énergie solaire grâce à des ballons flottant au-dessus des nuages afin de produire de l'électricité en continu, c'est l'idée originale proposée par le chercheur Jean-François Guillemoles. Explications.

« Et si, au lieu d'attendre que les rayons du soleil n'atteignent des panneaux solaires posés au sol, nous utilisions des ballons pour récolter cette source d'énergie en altitude, où la place ne manque pas, où le rendement serait multiplié et où aucun nuage ne risquerait d'interrompre la production ? C'est le projet, pas si fou que ça, actuellement étudié par le laboratoire franco-japonais NextPV.

Sur fond de changement climatique, de transition énergétique et d'accord international sur le climat, on cherche plus que jamais les composants du mix énergétique qui soient peu polluants, bon marché, peu émetteurs de gaz à effet de serre, abondants, sûrs dans leur utilisation, disponibles à la demande, ubiquitaires, rapides à déployer et ayant une faible empreinte territoriale et environnementale. L'énergie solaire, dans sa version actuelle, ne répond pas encore à tous ces critères.

Le problème avec l'énergie photovoltaïque, entend-on, est que le soleil disparaît derrière les nuages et rend la production d'électricité intermittente et aléatoire. Mais pour peu que l'on soit au-dessus du couvercle nuageux, le soleil rayonne en permanence tant qu'il fait jour. À 6 kilomètres d'altitude, en n'importe quel point du globe, il n'y a que rarement des nuages et à 20 kilomètres, il n'y en a plus du tout. Là-haut, pas d'ombre et peu de diffusion des rayons du soleil par l'atmosphère : la lumière arrive en droite ligne du soleil. Ce que le ciel perd de bleu se retrouve dans l'intensité de l'illumination directe : la concentration solaire permet en effet des schémas de conversion et donc des rendements beaucoup plus efficaces [1].

Dans ces conditions, la ressource énergétique est cinq fois plus abondante qu'au sol dans nos régions, et la production parfaitement prédictible. Pourquoi dès lors ne pas placer les capteurs solaires au-dessus des nuages, là où le soleil rayonne en permanence ? Il serait possible de faire porter les panneaux solaires par des ballons, captifs ou non. Plusieurs projets ont montré la faisabilité de cette idée pour des altitudes bien supérieures à 20 kilomètres. Thales et Google envisagent d'ailleurs d'avoir recours, à moindre coût, à des aéronefs stratosphériques au lieu des flottes de satellites actuellement utilisées pour les télécommunications.

Serait-ce irréaliste ? Il n'y a pas encore de démonstrations concrètes mais plusieurs études bien documentées semblent montrer que c'est faisable : on peut citer en particulier les études de

[1] Les modules photovoltaïques courants ont un rendement de 15 à 20 %, mais les modules CPV, fonctionnant sous forte concentration, approchent les 40 % de rendement (Fraunhofer ISE). Quant aux cellules solaires sous concentration en laboratoire, elles viennent de dépasser les 45 % de rendement (Soitec).

chercheurs anglais autour de Guglielmo S. Aglietti pour les solutions à moyenne altitude ou de chercheurs californiens (StratoSolar) pour celles à altitude stratosphérique. Chacune a ses avantages, la solution à moyenne altitude apparaissant comme la seule réalisable à court ou moyen terme. Il resterait cependant de nombreuses difficultés techniques, mais aussi règlementaires, à surmonter.

Des ballons durables

Devenue globalement visible il y a une quinzaine d'années seulement, l'énergie solaire photovoltaïque n'est économiquement compétitive sur de grands segments de marché que depuis cinq ans. En l'an 2000, on comptait à peine un gigawatt installé dans le monde, contre plus de 250 GWc [2] au milieu de l'année 2016. Avec la montée en puissance d'une production de masse, le prix des panneaux solaires a tellement baissé ces dernières années que plus de la moitié du coût de l'électricité solaire est liée à l'installation.

La production la plus économique d'électricité photovoltaïque est obtenue dans les fermes solaires où les prix descendent sous la barre des 10 centimes du kWh dans les zones tempérées, et bien en dessous encore dans les zones à fort ensoleillement. Toutefois, cette solution est gourmande en espace. En France, les besoins en électricité pourraient en principe être couverts par des champs solaires occupant environ 1% du territoire, une surface à la fois modeste et considérable... Et cela, sans compter la centaine de millions de tonnes de verre qu'il faudrait pour fabriquer les panneaux solaires. La COP21 a posé la question des conditions d'un déploiement à

fig. Vue d'artiste d'une ferme solaire volante ©2015-2016 PixScience.fr/ G. Cirade pour CNRS Le Journal

[2] Le gigawatt-crête (GWc) est une unité utilisée pour mesurer la puissance maximale d'un dispositif.
[3] Une des équipes de NextPV a montré en 2015 un rendement record de conversion d'énergie solaire en énergie chimique sous forme d'hydrogène de près de 25 %.
[4] Un ballon dont le rayon serait de 30 m environ pourrait porter une centrale solaire d'une puissance d'1 MWc et contenir une semaine de production d'hydrogène, par exemple.

la fois soutenable et suffisamment massif des énergies propres pour peser significativement sur le mix énergétique. Dans le cas du solaire, cela nécessiterait une production continue de plus d'un térawatt de puissance électrique. Or il n'est pas sûr que les approches actuelles permettent d'atteindre cet objectif, en particulier près des lieux de consommation, y compris hors des endroits où l'ensoleillement est très important au sol. En revanche, l'usage de ballons captifs, fabriqués à partir de matériaux polymères à faible contenu énergétique, faciles à produire à grande échelle, dont l'installation soit à la fois rapide et réversible, flottant en altitude, et donc avec une très faible emprise au sol, prend en compte les exigences d'une véritable transition.

Une telle approche, pour hétérodoxe qu'elle puisse paraître, semble préférable à l'extraction de matières toxiques et nauséabondes de notre sous-sol au prix de nombreuses vies humaines et de dégâts irréversibles à notre maison commune. Ce n'est certes pas la seule voie possible, mais elle ouvre sur un changement de paradigme et mérite d'être étudiée. Tant et si bien qu'un consortium international est en train de se constituer, à l'initiative du laboratoire du CNRS franco-japonais, NextPV, pour étudier la question plus en détail et réaliser un premier démonstrateur dans un programme nécessitant la mise en commun de compétences très diverses, ainsi que cela avait été fait pour le programme Dirisoft, dont les acteurs sont également associés à la démarche. Un premier séminaire sur le sujet s'est tenu à Tokyo le 10 novembre 2015, à l'ambassade de France. En parallèle, une réflexion sur les questions sociétales démarre aussi autour de l'école des Mines-ParisTech.

Du soleil et de l'hydrogène

Mais il y a plus. L'un des verrous actuels au déploiement d'énergies renouvelables comme le solaire est la nécessité de recourir au stockage d'électricité. Les batteries, et notamment celle au lithium, sont efficaces, mais restent coûteuses pour une application à l'échelle envisagée ici et elles poseraient des problèmes environnementaux.

Une solution élégante pourrait être fournie par l'usage de l'hydrogène comme vecteur énergétique. On peut l'obtenir par électrolyse de l'eau, en utilisant l'électricité excédentaire le jour [3], et produire de l'électricité à la demande dans une pile à combustible en le recombinant avec de l'oxygène et en redonnant de l'eau pure. D'autant que ce même hydrogène pourrait aussi remplir et maintenir les ballons captifs en l'air à moindre coût. Un ballon d'altitude captif de taille raisonnable [4] contient plusieurs jours de production d'énergie solaire ; de quoi facilement assurer la fourniture en énergie du soir et attendre le matin.

Ainsi, en réduisant les coûts de structure et d'installation, en assurant un rendement de conversion élevé et un accès quasi continu à une ressource abondante, on prouverait qu'une électricité propre peut être moins chère à produire qu'une électricité issue de la combustion du charbon. Il suffit de lever les yeux… » ◀ ●

Le siècle du vivant

Vous pensiez qu'en ce début de XXIe siècle, le monde vivant n'avait plus de secrets? Que les biologistes, forts des lois de l'évolution ou du séquençage de l'ADN, avaient toutes les clés en main pour percer les mystères de la vie ou d'un organisme? Il n'en est rien! Ces dernières années, des bonds de géant technologiques ont abouti à d'incroyables découvertes: de la vie dans les endroits les plus hostiles de la planète, une population de microbes logée dans nos intestins, l'existence d'une «matière noire» du vivant ou la mise au point d'une technique simplissime pour remplacer des morceaux de gènes. Autant d'avancées spectaculaires qui amènent les biologistes à défricher de nouveaux terrains. Avec en ligne de mire, une meilleure connaissance des espèces de notre planète, de leur évolution ou du fonctionnement du corps humain. Pour le siècle à venir, l'étude du vivant s'annonce riche comme jamais.

→ Point de vue

De nouveaux territoires à explorer

l'auteure Catherine Jessus est directrice de l'Institut des sciences biologiques du CNRS. Spécialiste de la division cellulaire et de la formation des gamètes, elle a mené ses travaux en Belgique, aux États-Unis et en France, où elle a dirigé le Laboratoire de biologie du développement à Paris et a fondé l'Institut de biologie Paris-Seine.
mots-clés micro-organismes, techniques, biodiversité, vie

En ce début de XXIe siècle, le monde du vivant recèle encore des territoires largement inexplorés, que les avancées technologiques récentes vont permettre de découvrir. La directrice de l'Institut des sciences biologiques du CNRS, Catherine Jessus, dévoile ces pistes prometteuses…

Faisons un pari: le XXIe siècle sera celui des sciences du vivant. Pourquoi cette prédiction? Tout simplement parce que la biologie vit en ce moment une véritable révolution. Et même plusieurs révolutions en même temps, provoquées par des progrès technologiques phénoménaux grâce auxquels on peut désormais observer des organismes vivants jusqu'à l'intérieur de leurs cellules, analyser et manipuler leur ADN en toute facilité et croiser les milliards d'informations du big data. C'est une nouvelle ère qui s'ouvre, dans laquelle les scientifiques espèrent (rien de moins) comprendre enfin les origines de la vie, explorer les ramifications insoupçonnées de l'arbre du vivant, reconstituer l'histoire biologique de l'humanité, décrypter la logique complexe du fonctionnement des êtres vivants, percer les mystères du cerveau…

Avec un héritage de plus de deux mille ans de recherches [encadré page 107], le XXIe siècle aurait pu s'inscrire dans l'assurance que nous, les biologistes, étions désormais dotés à la fois d'une vision globale du vivant et de son histoire évolutive, mais aussi de la capacité à percer les secrets de son fonctionnement intime. C'est tout le contraire: aujourd'hui, nous avons pris conscience que nous méconnaissons l'étendue de la biodiversité, que l'histoire de la vie, les mécanismes de l'hérédité des caractères et le fonctionnement du vivant ne sont pas guidés par les seuls lois et dogmes que nous avons établis jusque-là. Ce qui revient à dire que l'exploration du vivant, de son histoire et de son fonctionnement est devant nous.

De la vie partout, jusque dans les puits de pétrole

Comment expliquer cette remise en question? La réponse réside probablement dans cette phrase de Sydney Brenner (prix Nobel de physiologie ou médecine, 2002): *«L'avancée de la science découle de nouvelles techniques, de découvertes et de nouvelles idées, probablement dans cet ordre.»* Les sciences de la vie ont déjà connu des avancées majeures dues au développement de nouveaux outils technologiques, comme l'invention du microscope. Mais rien d'une ampleur comparable avec la puissance des nouvelles techniques développées depuis une vingtaine d'années [encadré page 109].

Alors quels sont les grands champs inexplorés qui s'ouvrent à nous? Le premier qui s'est amorcé est la découverte d'êtres vivants

fig. Récemment, des scientifiques ont trouvé des micro-organismes sur le site de Dallol, en Éthiopie, l'un des environnements les plus extrêmes sur Terre. ©C. Boisvieux/hemis.fr

dans des milieux particulièrement inhospitaliers, que l'on pensait incompatibles avec la vie. C'est ainsi que les geysers, les fumeurs noirs ou les puits de pétrole, caractérisés par des températures qui dépassent 100 °C, sont peuplés de micro-organismes. Mais la vie est aussi abondante dans les mers glacées des pôles, au sein du Grand Lac salé de l'Utah, de la mer Morte (finalement mal nommée), des marais salants qui sont « habités » en dépit de taux de sel ou de soufre toxiques. Entre Éthiopie et Érythrée, à Dallol, l'un des endroits réunissant les conditions les plus extrêmes sur Terre, des eaux bouillonnantes et hyperacides viennent de révéler des micro-organismes encore jamais identifiés.

Les surprises jaillissent aussi de la découverte d'organismes qui ne trouvent pas leur place dans la classification actuelle du vivant. C'est le cas de ce qu'on appelle les mégavirus ou virus géants. Géants par leur taille et par leur génome, et totalement surprenants par différents caractères qui les distinguent des virus sans les faire pour autant entrer dans la catégorie du vivant. Il a fallu attendre 2003 pour découvrir ces monstres qui sont pourtant omniprésents dans la nature. Comment fonctionnent-ils ? Sont-ils les rejetons de cellules primitives ? Forment-ils la quatrième branche du vivant ? [lire page 117].

Plus de deux mille ans d'histoire

Encadré

La révolution, les biologistes n'en sont pas à leur première... En témoigne la naissance de la biologie moderne à la fin du XIXe siècle, lorsque les deux voies distinctes empruntées par les savants depuis l'Antiquité se sont rejointes. La première est celle de l'« histoire naturelle », inaugurée par Aristote et qui consistait à étudier le monde vivant en l'observant et en classifiant les différentes espèces. Cette approche culminera à la fin du XVIIIe siècle avec Linné, Buffon et Lamarck, puis au siècle suivant avec Darwin, qui imposera un nouveau cadre conceptuel avec la théorie de l'évolution : les espèces vivantes apparaissent à partir d'espèces existantes selon un processus de sélection naturelle. La seconde voie fut initiée par d'autres savants de la Grèce antique, Hippocrate et Galien, qui se sont intéressés au fonctionnement physiologique de l'être humain, une voie qui formule des hypothèses et les vérifie à l'aide d'expérimentations sur l'animal. Elle donne lieu, entre autres, à la découverte de la circulation sanguine au XVIIe siècle et permet de jeter les bases de la microbiologie. À la fin du XIXe siècle, la branche naturaliste incorpore les méthodes de la branche expérimentale, donnant donc naissance à la biologie moderne. Il s'ensuivit de nombreuses découvertes capitales. La dernière révolution date des années 1950 et 1960 avec la description de la structure de l'ADN et l'avènement de la biologie moléculaire qui tente d'expliquer les propriétés des êtres vivants par la structure et les interactions des molécules qui les composent. En peu de temps, cette discipline a bouleversé notre connaissance de l'hérédité ou des mécanismes cellulaires et transformé notre manière d'envisager le fonctionnement des êtres vivants. C. J.

fig. Entre 2009 et 2013, l'équipage de l'expédition Tara Oceans a récolté 35 000 échantillons de plancton, tels ce ptéropode à silhouette d'éléphant et les autres spécimens à ses côtés : des copépodes et un ostracode.

Enfin, il y a la prise de conscience de l'immensité de la biodiversité. À bord du navire Beagle, Charles Darwin avait étudié nombre d'espèces marines et terrestres de grandes tailles et de cette étude avait émergé la théorie de l'évolution. À bord de Tara, les chercheurs se sont penchés sur les micro-organismes planctoniques marins (virus, bactéries, êtres unicellulaires et micro-animaux) et leur l'étude bouleverse déjà l'état de nos connaissances sur cette population d'organismes dérivants. Plus de 60 % des bactéries de la planète vivent dans les océans, mais nous en connaissons… moins de 5 % !

L'intestin : un charme discret mais un rôle vital

Autre continent microbien que l'on commence à explorer : celui des microbiotes, populations soudées de bactéries, champignons et virus, qui se logent au sein d'un organisme vivant. Si chaque litre d'eau de mer contient 10 à 100 milliards de micro-organismes, c'est pire dans l'intestin : 100 000 milliards de bactéries tapissent nos 400 m^2 de surface intestinale, soit une masse de 1 à 5 kilos et un nombre de cellules et de gènes cent fois plus important que celui de notre propre organisme. C'est le microbiote intestinal, un ensemble de communautés au taux de renouvellement très rapide et aux

Ces nouvelles technologies qui changent tout

Encadré

Tout d'abord, les techniques d'observation ont fait des progrès colossaux, atteignant une échelle de l'ordre de l'atome ou permettant de voir l'intérieur des organismes sans avoir à les tuer. Aujourd'hui, les appareils utilisant les rayons X, la résonance magnétique nucléaire, les ultrasons, l'infrarouge ou encore les progrès en matière de marqueurs (telles les protéines fluorescentes) permettent d'observer l'activité des complexes macromoléculaires au sein des cellules ou encore celle des cellules au sein d'organismes vivants. On voit ainsi fonctionner le cerveau de l'homme conscient.

Et il n'y a pas que le visuel... Depuis la fin du XXe siècle, l'avènement de la génomique permet d'appréhender le fonctionnement d'un organisme par son génome. Mais c'est un bouleversement à une autre échelle que nous vivons aujourd'hui avec la métagénomique. Celle-ci permet en effet le séquençage de la totalité de l'ADN présent dans un échantillon prélevé dans n'importe quel environnement (que ce soit l'eau de mer, de geysers ou le contenu de notre intestin), au rythme de plusieurs dizaines de milliards de bases nucléiques par jour grâce à des instruments à très haut débit. Leur analyse informatique nous livre l'inventaire des espèces présentes dans l'échantillon, identifie leurs gènes, émet des hypothèses sur leurs rôles, prédit les interactions entre les divers organismes détectés, etc. La métagénomique nous donne ainsi accès à un monde vivant invisible et inaccessible car on ne sait pas mettre en culture en laboratoire la majorité des micro-organismes ! D'autres avancées, que nous ne pourrions toutes détailler ici, révolutionnent également la vie des laboratoires, comme la technologie CRISPR-Cas9 [lire page 126], un nouvel outil de génie génétique dont la puissance n'a d'égale que la simplicité.

Ces nouvelles approches génèrent des volumes considérables de données : c'est le phénomène « big data » dont l'exploitation, si elle est faite de manière pertinente, doit livrer de nouvelles clés du vivant. On revient là à une approche empirique d'observation sans a priori : recueil à partir d'un objet d'étude de toutes les données livrées par les technologies et déduction de son fonctionnement d'après l'analyse de ces données. Cette nouvelle approche est un enrichissement considérable. Elle permet de voir « global ». Mais elle ne suffira pas : les modélisations sur ordinateur ne permettent pas de simuler la complexité en œuvre dans un être vivant, même « simple », et il demeure essentiel que les modèles générés soient éprouvés et validés par des approches expérimentales sur des organismes vivants. C. J.

interactions intenses, une ressource énorme de formes de vie et de composés bioactifs inexplorés [lire page 117]. 85 % de ces espèces révélées par la métagénomique nous sont inconnues, car impossibles à cultiver et donc à étudier en laboratoire pour le moment. C'est pourtant là un défi à relever tant les fonctions du microbiote se révèlent peu à peu essentielles : au-delà de son action dans la digestion des aliments, il permet la maturation de notre système immunitaire et nous protège contre des bactéries étrangères, contrôle notre croissance et module le fonctionnement de notre système nerveux, intervenant dans nos comportements, tant alimentaires que psychiques : il interviendrait même dans des troubles neuropsychiatriques, comme l'autisme, la dépression et la schizophrénie... Il faut donc le considérer comme l'un de nos organes, faisant de notre organisme une machine hybride homme-microbes.

Ce monde inconnu qui commence à peine à être dévoilé ne remet pas en question les propriétés qui fondent la vie : auto-organiser des complexes macromoléculaires et maintenir la mémoire de cette organisation alors même que les constituants sont en permanence remplacés, mobiliser l'énergie nécessaire pour la constitution de cette matière et son organisation (un « métabolisme ») et se reproduire plus ou moins à l'identique. Son unité reste la cellule, douée des trois propriétés précédentes, et délimitée par une membrane. Les ingrédients de la vie sont également toujours les mêmes : acides nucléiques, protéines, lipides et glucides. Alors où est le tournant ? Il se situe dans la découverte de l'immense biodiversité des formes microbiennes inconnues et de la formidable ingéniosité dont celles-ci font preuve pour coloniser des milieux que l'on pensait impropres à la vie. Grâce à ces découvertes, notamment dans des milieux qui pourraient être similaires à ceux qui ont précédé la vie il y a plus de trois milliards d'années sur notre planète, la question de l'origine de la vie va sortir de l'ère des récits improbables pour aborder une phase d'expérimentation capable de livrer des scénarios probables.

Comprendre comment les espèces évoluent (ensemble)...

Les mécanismes à la base de l'évolution sont également chahutés [lire page 132]. Longtemps centrés sur la prééminence de la mutation aléatoire des gènes, on découvre aujourd'hui d'autres moteurs puissants à l'origine de l'innovation biologique et de l'évolution. Citons par exemple l'importance des transferts de gènes d'une espèce à l'autre, comme l'illustrent les syncytines, deux protéines nécessaires à la formation du placenta des mammifères. Surprise : leurs gènes ont été légués par des rétrovirus ! L'apparition des mammifères placentaires il y a près de cent millions d'années pourrait ainsi être liée

fig. Des analyses d'ADN fossiles permettent d'identifier de nouvelles lignées humaines. Sur cette vue d'artiste sont représentées plusieurs lignées d'hominidés : *Australopithecus afarensis, Homo erectus, Homo habilis, Homo floresiensis, Sahelanthropus tchadensis, Homo georgicus, Homo ergaster, Homo neanderthalensis* et *Homo sapiens.*

à la capture d'un rétrovirus qui aurait permis de passer d'un mode de développement embryonnaire « externe » (chez les animaux qui pondent des œufs) au mode « interne » des mammifères chez lesquels l'embryon est alimenté via le placenta. Citons encore l'endosymbiose, une collaboration bénéfique entre deux organismes vivants dont l'un est contenu par l'autre. Avec le temps, l'organisme « contenu » peut aller jusqu'à perdre totalement son autonomie pour devenir une partie de celui qui le contient. Cela est illustré par l'origine bactérienne des mitochondries [lire page 122].

Le temps de l'évolution est également remis en question. Après avoir considéré depuis Darwin qu'il était lent (des millions d'années), nous savons désormais qu'il peut se limiter à quelques années : c'est en moins de cinquante ans que l'on a vu les adaptations ou échecs d'adaptation de la mésange bleue en Corse et dans la zone montpelliéraine. On peut donc observer l'évolution en action en milieu naturel, mais aussi faire de l'évolution expérimentale en laboratoire ! C'est le cas de la célèbre expérience de Richard Lenski publiée en 2013. Pendant vingt-cinq ans, le chercheur a étudié des milliers de générations de bactéries issues d'une même souche et a pu décrypter plusieurs mécanismes à la source de l'évolution...

Les nouvelles technologies ouvrent aussi l'accès à l'évolution de temps très anciens. Les analyses des ADN fossiles permettent de mesurer les variations génétiques d'une lignée sur quelques centaines de millions d'années. C'est ainsi qu'on découvre de nouvelles lignées humaines dont on ne pouvait pas soupçonner l'existence. Citons l'énigmatique homme de Denisova, qui a cohabité avec l'homme de Néandertal et *Homo sapiens*, trois lignées ayant eu à plusieurs reprises des rapports sexuels féconds. Ce qui explique la présence d'ADN « néandertalien » et « dénisovien » dans notre génome et met en lumière l'importance des brassages génétiques dus à ces métissages dans les succès évolutifs. Ces découvertes renvoient aux grands mécanismes présidant à l'apparition et à l'extinction des espèces, des phénomènes continus mais qui ont traversé des crises, comme celle sans précédent dont nous sommes actuellement les témoins, les victimes et les acteurs.

À l'assaut de la complexité du vivant

Les organismes vivants sont caractérisés par une extrême complexité. Complexes car issus de l'assemblage de milliards de macromolécules et cellules, car dynamiques et en constant renouvellement, car étonnamment cohérents dans la coordination de leurs différentes parties, car capables de s'auto-organiser en obéissant à une mémoire intrinsèque, car soumis à une variabilité individuelle tout en gardant la mémoire de plans d'organisation généraux… Cette complexité a longtemps été abordée en faisant des analyses à différentes échelles (gène, protéine, cellule) et en tentant ensuite de les relier. Mais faire ainsi la somme de ses parties n'a pas livré la vision de l'ensemble. Plus : l'analyse de chaque partie l'a révélée à nouveau comme un monde en elle-même, dont les chercheurs avaient sous-estimé la complexité.

En ce début de siècle, quelles sont les percées ? Commençons par les bouleversements que traverse la biologie de la cellule, grâce notamment à la possibilité nouvelle d'accéder au génome et aux produits de son expression, ARN et protéines, d'une seule cellule. Évoquons les cellules souches. En 2007, l'équipe de Shinya Yamanaka (prix Nobel de physiologie ou médecine, 2012) a ainsi révélé qu'il suffit d'exprimer quatre protéines dans une cellule adulte pour la reprogrammer vers un retour à son origine, la cellule souche. Ce que nous disent les travaux récents, c'est que rien n'est finalement irréversible dans les destins cellulaires : la plasticité est au cœur du vivant, garante d'une robustesse exceptionnelle de son fonctionnement.

fig. Grâce aux progrès de l'imagerie, les scientifiques espèrent comprendre le fonctionnement du cerveau. Ici, une représentation des réseaux de faisceaux de substance blanche chez l'homme, réalisée à partir d'images IRM.

Autre bouleversement pour les scientifiques : la prise en compte des forces mécaniques mises en jeu dans l'organisation et le fonctionnement de la cellule. C'est ainsi que la compréhension des divisions ou des migrations cellulaires passe par la connaissance de la façon dont les forces sont générées et dont elles produisent des déformations. Cela est abordé de nos jours par des approches totalement novatrices, basées entre autres sur des techniques à l'échelle nanométrique qui permettent de contrôler et de moduler les paramètres physico-chimiques de la cellule et de son environnement.

La séquence de l'ADN n'explique pas tout

La biologie moléculaire avait consacré l'ADN comme LA molécule support de l'hérédité. Le décryptage de sa séquence devait livrer la connaissance des fonctions biologiques et des comportements les plus complexes et intimes des organismes vivants et permettre de prédire ceux de leurs descendants. Mais de nombreuses découvertes récentes sont venues compliquer ce scénario. À commencer par celle d'une organisation extrêmement élaborée qui permet de condenser les 2 mètres d'ADN du génome humain dans un noyau cellulaire d'un diamètre de 5 à 10 microns. Au-delà de la condensation, ces reploiements de l'ADN délimitent des zones actives où les gènes peuvent s'exprimer et des zones inactives où ils ne s'expriment pas. Cette combinaison de régions actives et silencieuses est propre à chaque type de cellule, expliquant que chez un même individu, alors qu'elles sont pourtant dotées d'un génome identique, les cellules sont dotées de caractéristiques et fonctions bien spécifiques : impossible de confondre une cellule musculaire avec une cellule hépatique ou un neurone…

Mieux, ces cellules maintiennent ces combinaisons de zones de façon stable et les transmettent lors de leur division à leurs cellules filles, une propriété essentielle mais incomprise à l'heure actuelle. Toujours plus surprenant, cette transmission peut s'étendre dans certains cas aux générations suivantes. La transmission de telle ou telle disposition de l'ADN confère des caractères distincts à la descendance alors que la séquence de cet ADN est identique. Nous sommes dans le domaine de l'hérédité épigénétique, avérée chez beaucoup d'organismes unicellulaires, chez les plantes et chez certains animaux, mais a priori très limitée chez les vertébrés, dans la mesure où leur génome est réorganisé *de novo* lors de la formation des gamètes. Néanmoins, ces mécanismes sont à l'œuvre dans toutes nos cellules. D'où cette question cruciale : quelles sont les parts génétique, épigénétique et environnementale dans le fonctionnement des organismes vivants et dans l'hérédité ?

Dans ce grand tournant qui a signé la fin du rêve du tout-génomique, un autre dogme s'est effondré : celui selon lequel l'ARN ne constituerait qu'un intermédiaire entre le stockage de l'information génétique par l'ADN et l'exécution des fonctions cellulaires par les protéines. Dans le déluge de données livrées par les nouvelles technologies apparaît le monde des ARN dits non codants, ainsi appelés parce qu'ils ne sont pas destinés à être traduits en protéines. Ils sont issus de l'expression des immenses zones du génome longtemps qualifiées d'ADN « poubelle »… Grave erreur. Depuis le début de ce siècle, les chercheurs se penchent sur les fonctions de ces ARN et leur découvrent des rôles essentiels dans la régulation épigénétique, dans le contrôle de l'expression des gènes, le trafic des molécules à l'intérieur des cellules ou les communications entre cellules.

Cerveau, le Graal des biologistes

Terminons ce tour incomplet des promesses de la biologie du XXIe siècle par l'une des questions qui fascine le plus l'humanité : celle du propre de l'être humain, la conscience de soi, qui lui permet d'appréhender sa propre existence et, derrière cela, ce qui permet son émergence, le cerveau humain. Il s'agit d'une part de comprendre comment fonctionne cet organe mais aussi, et ce qui est beaucoup plus compliqué, de cerner la manière dont la conscience émerge de ce fonctionnement : comment les assemblages de neurones peuvent-ils conduire à des expériences mentales ? Quel est le code neural, inconnu aujourd'hui, qui permet à la biologie moléculaire et cellulaire du cerveau de générer des fonctions très spécifiques non seulement au cerveau humain (mémoire, reconnaissance des objets...) mais aussi à l'être humain dans sa dimension sociale (conscience du corps et de soi, pensée, langage, symboles, relations avec autrui...) ? Les avancées spectaculaires de cette science reposent sur les technologies en plein essor d'imagerie cérébrale humaine. Celles-ci permettent de mesurer et de visualiser les états d'activité des structures cérébrales et de connecter comportement et activité cérébrale. C'est ainsi qu'a commencé le décryptage des bases cérébrales de l'arithmétique et de la numération, de la lecture et du langage, de la mémoire et de l'apprentissage, de la conscience et de la pensée...

Les progrès et les changements profonds que vivent les sciences du vivant en ce début de siècle révèlent les transformations qu'elles sont susceptibles de provoquer dans l'évolution de nos sociétés et dans celle de la planète. Bien que son cerveau soit doté de fonctions supérieures qui le distinguent des autres animaux, l'homme n'en demeure pas moins un maillon de la chaîne évolutive et n'en est pas son aboutissement. Décrypter les mécanismes biologiques du vivant dans son ensemble contribue donc à mieux comprendre le fonctionnement du corps humain et ses dérèglements pathologiques. Gardons en mémoire que c'est une recherche libre à tous les étages qui a produit beaucoup des outils diagnostiques et thérapeutiques d'aujourd'hui et que c'est à cette condition qu'elle gardera la capacité d'en produire encore pour demain. Et qu'au-delà de leurs applications, les savoirs qui sont issus de ces recherches sont un bien culturel essentiel aux sociétés et une formidable arme de lutte contre l'obscurantisme.

Le vivant a sa matière noire

Une technique récente révèle une biodiversité insoupçonnée qui bouscule nos connaissances biologiques. Une matière noire « bio » dans laquelle pourraient se dissimuler les indices d'un quatrième domaine du vivant.

article écrit par Martin Koppe
mots-clés microbes, diversité, gènes inconnus, microbiote

Les biologistes seraient-ils passés à côté de 85 à 99 % des micro-organismes vivant sur Terre ? Les avancées d'une technique baptisée métagénomique leur ont en tout cas permis de mettre en évidence l'existence d'une « matière noire » biologique, surnommée ainsi en référence à la mystérieuse matière sombre dont la masse empêche la dislocation des galaxies et des amas galactiques. Un monde biologique qui révèle peu à peu ses secrets et ses surprises.

Les premières classifications du vivant, établies au XVIIIe siècle par Carl von Linné, se basaient principalement sur des critères morphologiques. Ce système, efficient pour de gros organismes tels les mammifères ou les arbres, l'est beaucoup moins dès qu'il s'agit de classer l'ensemble du vivant, micro-organismes compris.

Les chercheurs se sont alors tournés vers des critères moléculaires universels. Ainsi, quelle que soit l'espèce, toutes les cellules biologiques contiennent des ribosomes, des organites qui servent à synthétiser les protéines. Les variations dans les séquences de ces gènes ribosomaux présents chez tous les organismes vivants sont utilisées pour évaluer la distance entre espèces et établir les grandes divisions de l'arbre du vivant. C'est notamment en analysant ces gènes chez les procaryotes que, dans les années 1970, Carl Woese a établi la distinction entre le domaine des bactéries et celui des archées.

Les eucaryotes, les bactéries et les archées sont depuis considérés comme les trois domaines du vivant. Les cellules des eucaryotes se caractérisent par la présence d'un noyau et, généralement, de mitochondries. La quasi-totalité des organismes pluricellulaires appartient au domaine eucaryote, qui comprend également des espèces unicellulaires. Bactéries et archées sont dépourvues de noyau, mais ces dernières se distinguent notamment par la composition de leurs membranes.

Un problème de culture

Pour classer la multitude de microbes qu'ils continuent de découvrir, les biologistes cherchent donc d'abord à séquencer leur génome individuel. Mais cela implique que ces lignées cellulaires puissent être isolées et cultivées, ce qui, finalement, est rarement le cas. Éric Bapteste, chercheur à l'unité Évolution Paris-Seine de l'Institut de biologie Paris-Seine [1], rappelle dans sa dernière étude [2] qu'au moins 85 % des microbes connus ne sont pas cultivables.

« *Le fait que les microbes ne vivent pas seuls rend la culture pure difficile,* explique Éric Bapteste. *Ils appartiennent à des collectifs et à diverses formes de symbioses. Parfois, certaines espèces se succèdent dans le temps et il faudrait donc d'abord cultiver leurs précurseurs et reproduire toute la succession. Les chercheurs se trouvent devant un véritable défi biologique, biochimique et temporel.* »

Divers outils permettent néanmoins de séquencer une grande partie des gènes présents dans un environnement donné, sans forcément les attribuer à des espèces particulières. On parle de métagénomique. Ces études peuvent aussi bien s'appliquer à notre flore intestinale qu'à des milieux naturels particuliers, comme les geysers.

Les chercheurs inventorient les séquences génétiques obtenues dans ces analyses métagénomiques, puis en retranchent celles qui correspondent aux organismes connus et cultivés. Pour explorer la diversité des séquences génétiques, l'équipe d'Éric Bapteste et de son collègue Philippe Lopez a employé une méthode en deux temps. Ils ont cherché dans l'environnement des séquences ressemblant à celles déjà connues, puis ont ensuite effectué une seconde analyse pour établir des liens supplémentaires.

« *Si l'on prend l'exemple d'une recherche de parenté à partir de photos de famille,* précise Éric Bapteste, *la ressemblance entre un individu et son grand-père ne sera pas forcément évidente. Des liens peuvent cependant être trouvés si l'on rapproche l'enfant de son père, puis son paternel de son grand-père. Le lien entre les individus de ces trois générations apparaît alors.* »

Un quatrième domaine du vivant ?

Une partie des très nombreuses séquences qui restent non attribuées pourraient provenir d'espèces nouvelles incultivables. Certaines séquences sont particulièrement intriguantes. Bien qu'elles se rattachent à des familles de gènes connus, elles en divergent tellement qu'on a pu se demander si elles ne provenaient pas d'organismes eux-mêmes très divergents, appartenant à un quatrième domaine inconnu du vivant.

« *Il revient aux systématiciens de dire à quel moment une forme de vie doit rentrer dans une nouvelle case,* modère toutefois Éric Bapteste. *Les chercheurs se basent sur des critères métaboliques, structuraux ou génétiques, mais il n'existe pas de recette définie pour affirmer l'existence d'un nouveau domaine. Le processus n'a rien d'automatique, il réclame des arguments et un consensus parmi les chercheurs. À ce stade, nous n'avons aucune raison de dire qu'un nouveau domaine a été découvert.* »

Le même type d'interrogation avait suivi la découverte en 2013 de deux virus géants, *Pandoravirus salinus* et *Pandoravirus dulcis.* En effet, seuls 7 % des gènes de ces virus correspondaient à des séquences connues, et ces derniers étaient dépourvus de capside, la structure qui entoure normalement le matériel génétique des virus.

Purificación López-García, chercheuse au laboratoire Écologie, systématique et évolution [3], estime que les analyses phylogénétiques n'ont pas permis d'étayer l'appartenance des virus géants à un quatrième domaine du vivant.

[1] Unité CNRS/UPMC/Inserm

[2] « *Highly divergent ancient gene families in metagenomic samples are compatible with additional divisions of life* », Lopez et al., *Biology Direct*, 26 octobre 2015, vol. 10 : 64.

[3] Unité CNRS/Université Paris Sud/AgroParisTech

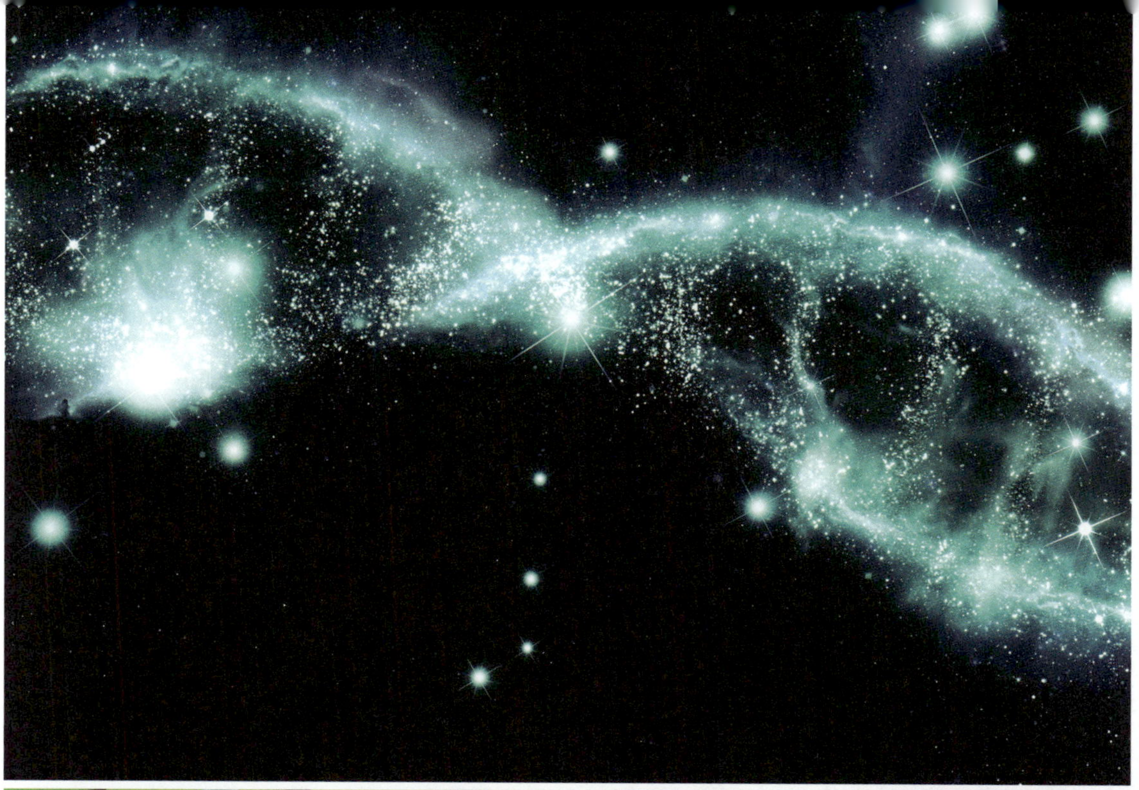

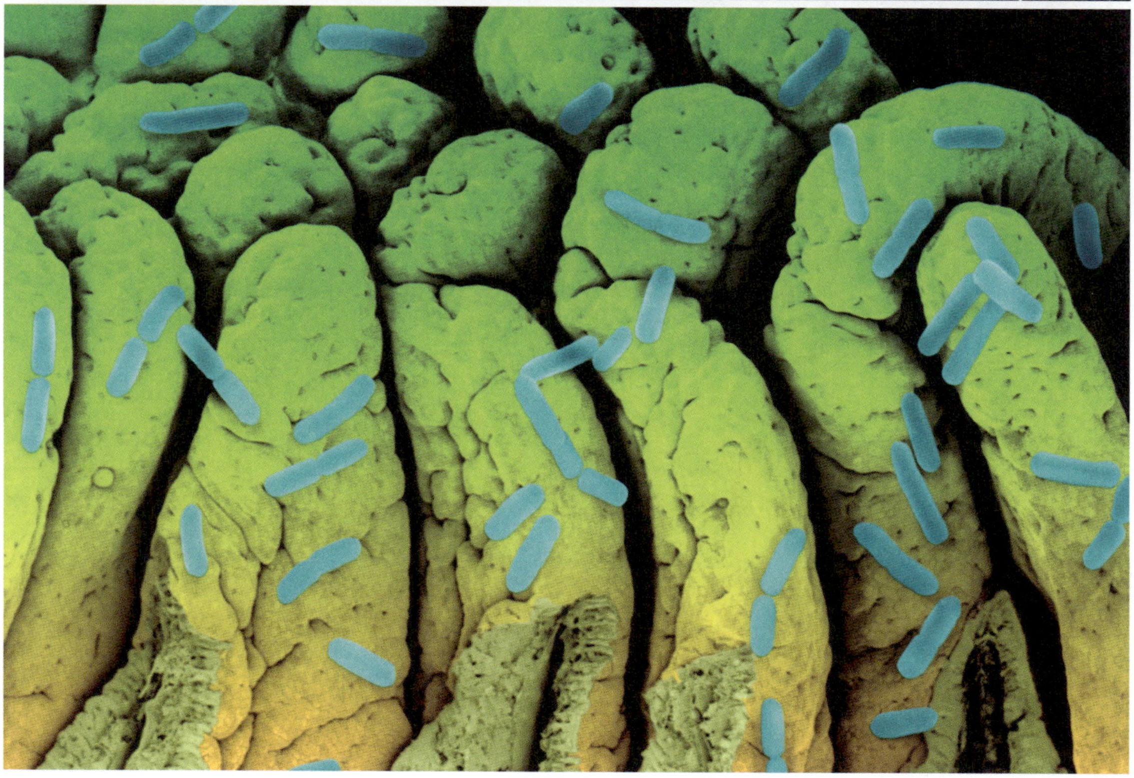

fig. haut Vue d'artiste d'un bout d'ADN
© I. Cumming/Ikon Images/Corbis

fig. bas Des bactéries *Escherichia coli* dans l'intestin humain
© D. Kunkel Microscopy, Inc./Visuals Unlimited/Corbis

QUATRE FAMILLES DE VIRUS GÉANTS

❷ © J. Bartoli/C. Abergel/AMU/IGS/CNRS Photothèque

découvert en 2014
taille : 1,5 / 0,5 µm

❶ © AMU/IGS/CNRS Photothèque

découvert en 2015
taille : 0,6 µm de diamètre

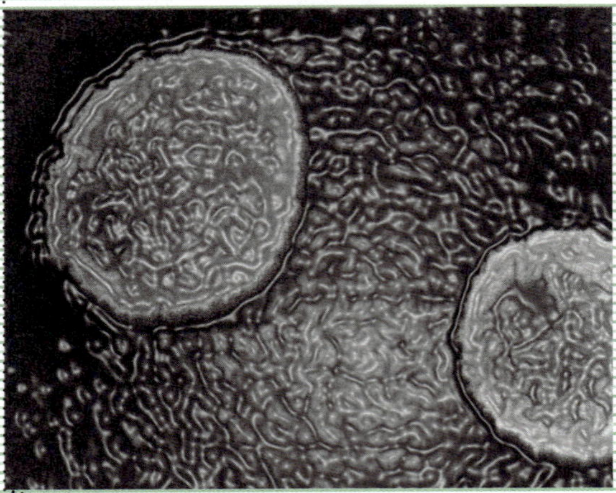

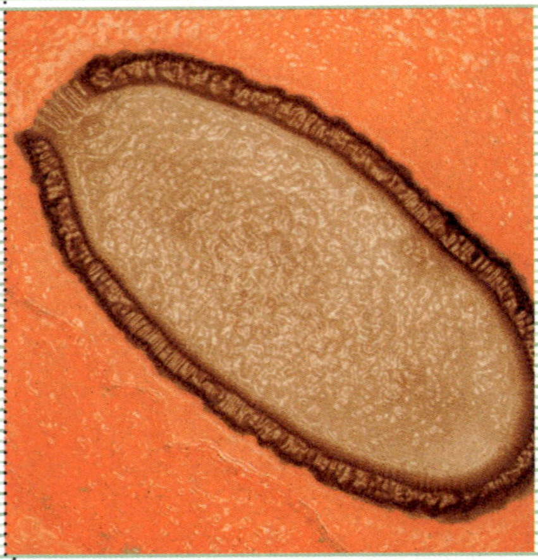

Pandoravirus — **Mollivirus** — **Megavirus** — **Pithovirus**

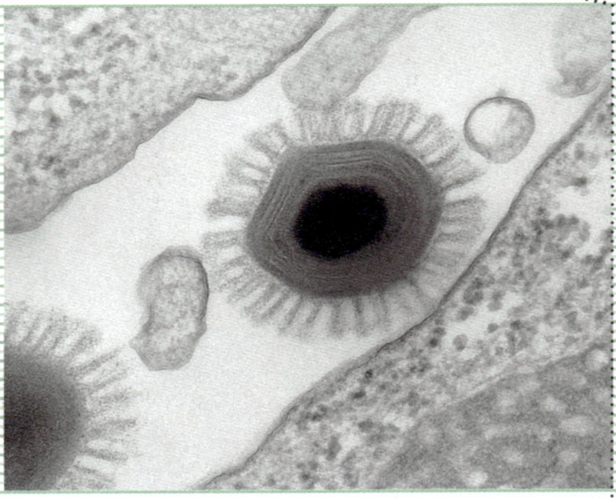

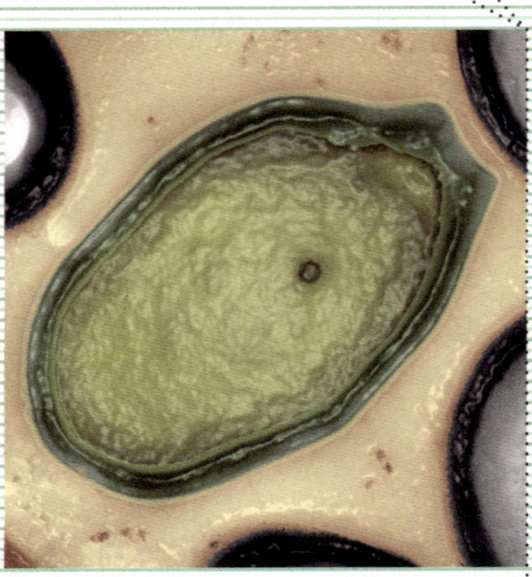

découvert en 2010
taille : 750 nm de diamètre

© C. Abergel/IGS/CNRS Photothèque ❹

découvert en 2013
taille : 1/0,5 µm

© AMU/IGS/CNRS Photothèque ❸

« Il peut être tentant d'affirmer que des gènes forment un quatrième domaine, prévient-elle, *mais certains peuvent évoluer très vite, par exemple à cause des duplications géniques, à la suite de transferts horizontaux ou de leur capture par un génome viral. Ils se retrouvent alors à une place étrange dans un arbre phylogénétique. Cela n'implique pas que l'organisme auquel ils appartiennent constitue pour autant une espèce complètement à part. On ne peut rien dire tant que les génomes n'ont pas été reliés à des organismes précis ; or, pour l'instant, tout ce qui a été lié à un microbe cultivé ou à un organisme reconstruit à partir de métagénomes rentre bien dans les trois domaines du vivant. »*

Une matière noire aux effets visibles

Si elle n'a pas débouché sur l'inauguration d'un quatrième domaine de la vie, l'étude de la matière noire biologique a en tout cas produit de très beaux fruits. Dusko Ehrlich, directeur de recherche émérite à l'Institut national de la recherche agronomique, responsable du projet MetaGenPolis, et directeur du Centre des interactions entre hôte et microbiome du King's College de Londres, a ainsi travaillé sur la diversité de notre flore intestinale. Il souligne les énormes progrès réalisés depuis 2008 au sein du projet européen MetaHIT, consacré à la métagénomique.

Une première étude publiée en 2010 [4], portant sur 124 individus européens, a ainsi inventorié 3,3 millions de gènes microbiens intestinaux, soit 150 fois plus que les 23 000 gènes de notre génome. Lorsque l'équipe a augmenté sa cohorte à 1200 personnes, c'est 9,9 millions de gènes qui ont été identifiés. De cette diversité génétique, 750 groupes de plus de 700 gènes bactériens ont été identifiés, et 85 % des espèces de bactéries se sont révélées nouvelles.

Ces travaux ont permis de caractériser le microbiome intestinal de l'homme. On a pu ensuite comparer les microbiomes de personnes malades et saines. Un lien a ainsi été découvert entre la composition de certains microbiomes et le risque de cirrhose [5]. Cela a débouché sur une méthode de diagnostic fiable à 95 % basée sur le séquençage des selles. Une avancée qui pourrait remplacer la biopsie hépatique très invasive.

Une autre étude [6] a montré que la perte de diversité du microbiome intestinal est associée à une prédisposition au diabète, aux maladies hépatiques, à certains cancers et aux maladies cardiovasculaires. Or sept de ces maladies entrent dans les dix causes les plus fréquentes de mort dans le monde.

« Le microbiome intestinal fonctionne comme un organe négligé, déplore Dusko Ehrlich. *Ces bactéries représentent en chacun de nous une masse qui peut-être plus importante que le cerveau. Pourtant, le grand public ne se rend pas compte de sa vulnérabilité. Il jugerait pourtant absolument catastrophiques de telles atteintes à ses autres organes. »*

Qu'elle se cache dans le sol, dans les océans ou à l'intérieur de nos intestins, la matière noire joue donc un rôle biologique capital tant du point de vue quantitatif – sa masse totale semble colossale – que qualitatif – de par sa contribution à l'équilibre des écosystèmes, quelle que soit l'échelle considérée. L'éclairage nouveau permis par la métagénomique promet ainsi de dévoiler une diversité biologique aux ramifications jusqu'alors insoupçonnées.

[4] *« A human gut microbial gene catalogue established by metagenomic sequencing »*, Qin et al., *Nature*, 4 mars 2010, vol. 464 : 59–65

[5] *« Alterations of the human gut microbiome in liver cirrhosis »*, Qin et al., *Nature*, 4 septembre 2014, vol. 513 : 59–64

[6] *« Richness of human gut microbiome correlates with metabolic markers »*, Le Chatelier et *al.*, *Nature*, 29 août 2013, vol. 500 : 541–546

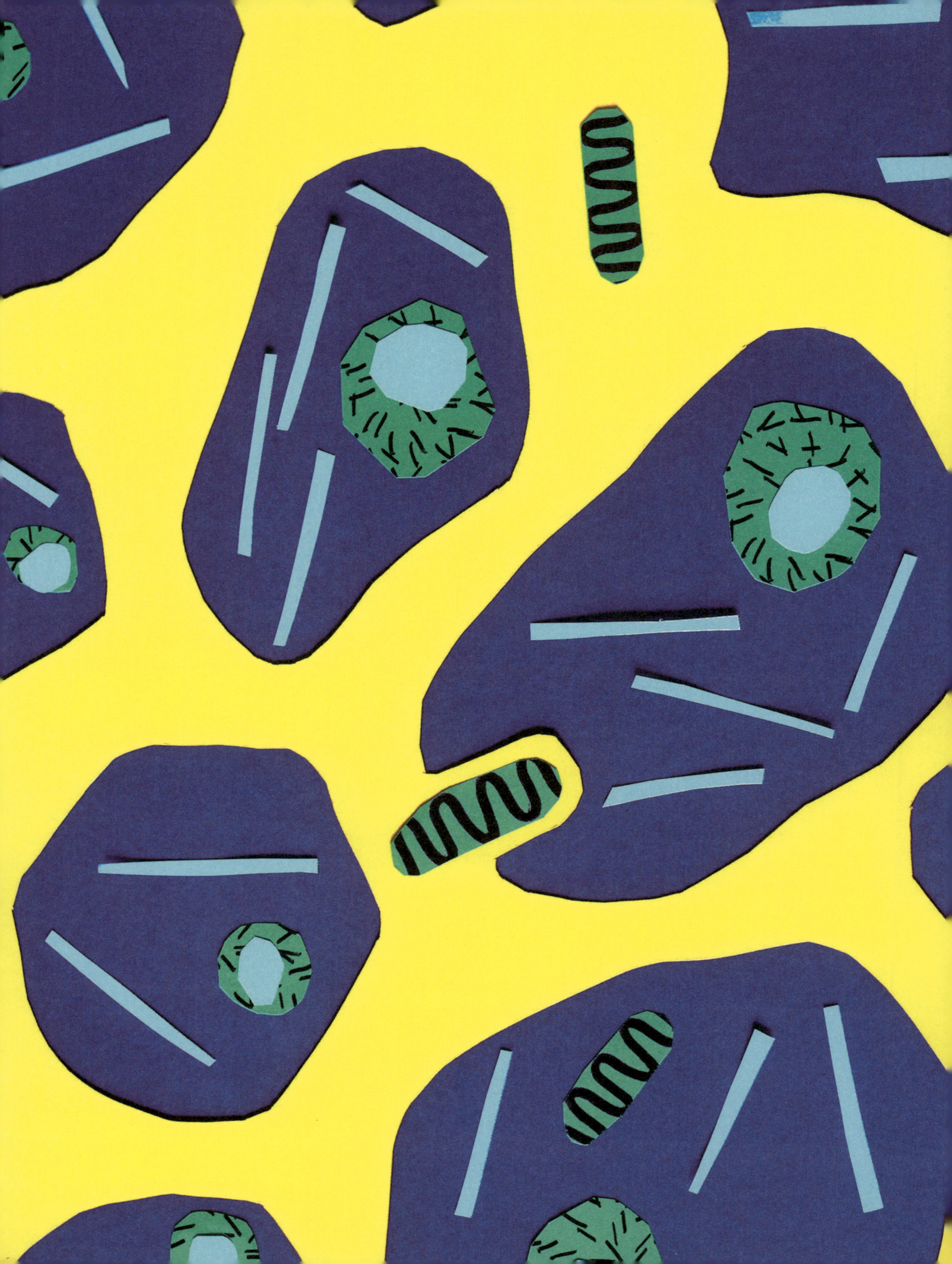

Comment nos cellules ont appris à respirer

Les biologistes soupçonnaient que nos cellules avaient acquis la respiration en ingérant des bactéries libres qu'elles hébergent depuis en permanence. Des travaux récents indiquent qu'il pourrait s'agir d'une infection plutôt que d'une ingestion.

article écrit par Kheira Bettayeb
mots-clés cellule, plante, respiration, mitochondrie, infection, ingestion

Comment sont apparues nos cellules ? Plus précisément, comment ont-elles acquis leurs mitochondries, des organites indispensables au métabolisme cellulaire ? La question taraude les biologistes depuis près d'un siècle. En février, une équipe du CNRS a proposé une explication impliquant… une infection par une bactérie pathogène ! Audacieuse, cette théorie divise les biologistes.

Tout se serait joué il y a environ deux milliards d'années. C'est alors que seraient apparues les cellules dites eucaryotes qui constituent tous les animaux et les végétaux. À la différence des cellules procaryotes telles que les bactéries, les cellules eucaryotes sont dotées non seulement d'un noyau contenant la quasi-totalité de leur ADN mais aussi, et surtout, de deux structures très importantes : les mitochondries et, chez les plantes et les algues, les chloroplastes.

Véritable usine énergétique interne, la mitochondrie assure la respiration cellulaire qui permet la production d'une énergie utilisable par la cellule. Quant au chloroplaste, c'est le centre de la photosynthèse, ce processus assurant, grâce à l'énergie lumineuse, la synthèse de sucres à partir du CO_2 atmosphérique.

Comme mitochondries et chloroplastes sont des structures semi-autonomes dotées de leur propre patrimoine génétique, en 1970, la microbiologiste américaine Lynn Margulis postula qu'elles étaient apparues au cours de l'évolution, après l'ingestion – on dit aussi « endocytose » – de certaines bactéries libres par d'autres organismes unicellulaires procaryotes. Des bactéries libres douées

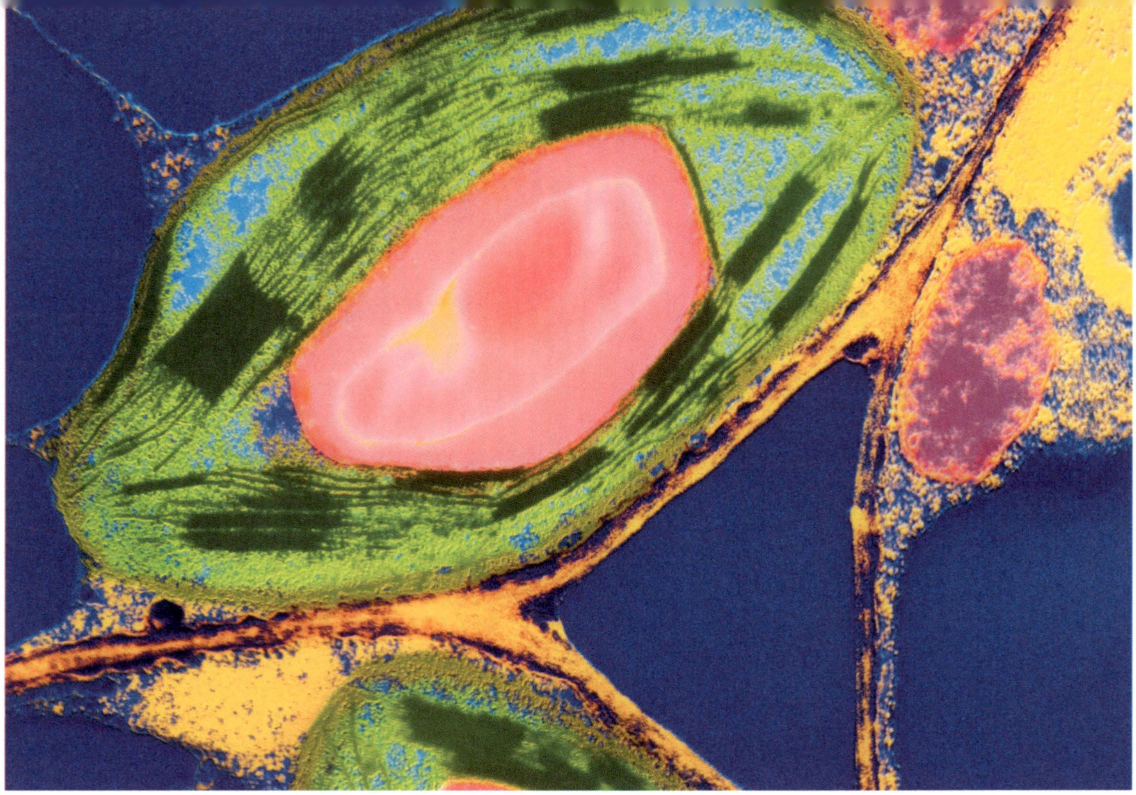

initialement de la capacité de respiration (en ce qui concerne la mitochondrie) ou de photosynthèse (pour le chloroplaste). Cette endocytose des chloroplastes, que l'on fait remonter à 1,5 milliard d'années, semble postérieure à celle des mitochondries. Ces bactéries «ingérées» se seraient ensuite maintenues dans leurs hôtes grâce à l'établissement d'une coopération mutuelle bénéfique aux deux. On parle alors de symbiose: la bactérie aurait fourni à la cellule hôte son processus énergétique; laquelle, en contrepartie, lui aurait apporté protection et nutriments nécessaires à son fonctionnement. Cette théorie de l'endosymbiose est aujourd'hui acceptée par la majorité des biologistes.

Plusieurs zones d'ombre demeuraient toutefois concernant la nature exacte de la cellule primitive qui a avalé la bactérie, le mécanisme précis de cette internalisation et surtout la manière dont la bactérie avait initialement pu se maintenir à l'intérieur d'un hôte a priori hostile. En effet, les cellules sont dotées de mécanismes immunitaires très agressifs destinés à détruire tout élément qui s'immisce en elles... Dans leur article publié en février [1], le biologiste Steven Ball [2] et ses collègues proposent justement un mécanisme expliquant comment la bactérie aurait pu faire face aux défenses de la cellule hôte. Une thèse étonnante.

Mitochondrie: une origine pathogène?

Dans cette théorie, la cellule ancêtre des cellules eucaryotes aurait acquis sa première mitochondrie non pas en capturant une bactérie libre, mais plutôt en étant infectée par une bactérie pathogène habituée à vivre à l'intérieur des cellules et naturellement douée de mécanismes qui lui permettent de contrecarrer les défenses immunitaires cellulaires.

«En effet, en rassemblant différents résultats récents de phylogénie (étude des relations de parenté entre différents êtres vivants, NDLR) et de biologie moléculaire, nous sommes arrivés à la conclusion que la mitochondrie dérivait directement d'une bactérie de l'ordre des rickettsies, auquel

fig. Le chloroplaste est le centre de la photosynthèse (photographie colorisée prise au microscope électronique, grossissement x 5000).

[1] *« Pathogen to powerhouse : how did the precursors to the mitochondrion and the plastid evade host defense ? »* Steven Ball et *al.*, *Science*, 12 février 2016, vol. 351 (6274) : 659–662

[2] Unité de glycobiologie structurale et fonctionnelle (CNRS/Université de Lille 1)

appartient notamment l'agent du typhus (Rickettsia prowazekii), *cette grave maladie contagieuse de l'humain* », précise Steven Ball.

En fait, la parenté de la mitochondrie et des rickettsies avait déjà été notée par plusieurs études antérieures. Mais elle n'avait jamais été prise au sérieux comme l'explique le chercheur : « *D'une part, on pensait que les rickettsies étaient apparues bien plus tard que les cellules eucaryotes. D'autre part, on n'imaginait pas que l'ancêtre procaryote pouvait être infecté par des bactéries pathogènes.* » Les données exposées dans l'article des chercheurs lillois remettent en cause ces présupposés.

La thèse du « ménage à trois »

Mais il n'y a pas que la mitochondrie ! Dans une étude parue il y a deux ans, les chercheurs étaient arrivés à une thèse similaire pour le chloroplaste. Ils avaient alors suggéré que celui-ci découlait aussi de l'infection d'une cellule ancestrale par une bactérie pathogène, mais via un mécanisme différent impliquant un ménage à trois, et non à deux (bactérie plus cellule hôte).

« *Nous avions confirmé,* détaille Steven Ball, *que le chloroplaste, lui, dérivait bien d'une bactérie libre douée de la photosynthèse. Mais, et c'est là que notre thèse est innovante, cette cyanobactérie aurait été assistée par un troisième acteur, le pathogène intracellulaire justement, lequel serait cette fois une bactérie de l'ordre des chlamydiae, responsables de diverses maladies humaines et animales, comme la chlamydiose.* »

Dans cette thèse, le pathogène aurait protégé une cyanobactérie, le futur chloroplaste, des défenses de l'eucaryote hôte, tout en fournissant à la cellule hôte (via le transfert de ses gènes dans le génome) les fonctions nécessaires pour utiliser les molécules énergétiques produites par photosynthèse.

Une théorie plausible... mais controversée

« *Issus d'un long cheminement commencé il y a dix ans, nos travaux ouvrent une nouvelle ère très excitante dans la recherche sur l'origine de la mitochondrie et du chloroplaste, et donc des cellules eucaryotes* », commente Steven Ball. « *Effectivement, ces travaux sont très intéressants, et ces thèses très plausibles* », confirme Ben Field, spécialiste de la biologie du chloroplaste [3].

Au Laboratoire de biométrie et biologie évolutive (LBBE) [4], à Lyon, Manolo Gouy est, quant à lui, beaucoup moins enthousiaste : « *Ces travaux ne sont que des hypothèses non appuyées par des résultats d'expériences. Ils nécessitent confirmation... S'il est clair que la mitochondrie et le chloroplaste sont d'origine bactérienne, je ne pense pas que l'on ait pour l'instant des éléments forts permettant de préciser le mécanisme par lequel la bactérie est entrée dans la cellule hôte.* »

On l'aura compris, la théorie de l'équipe de Steven Ball ne fait pas l'unanimité chez les biologistes. Elle soulève même une vive controverse. « *On s'y attendait, car c'est un changement total de paradigme* », rétorque celui-ci. Afin de confirmer ou d'infirmer leurs thèses, ses collègues et lui projettent de nouvelles études « *tant sur les plans de la microbiologie expérimentale et de la biochimie que sur celui de la phylogénie* ».

Il est en effet crucial de savoir comment la cellule ancêtre des eucaryotes est parvenue à ingérer un micro-organisme entier doté d'un patrimoine génétique propre. Résoudre cette énigme n'est pas qu'un problème de recherche fondamentale. Car, explique Steven Ball, « *il deviendrait alors possible de transmettre, dans des cellules, non pas un ou quelques gènes mais un grand nombre, ainsi que les structures cellulaires entières. Cela permettrait de faire en sorte, par exemple, que des plantes puissent fixer de l'azote atmosphérique ou que des micro-organismes produisent de l'hydrogène, un potentiel carburant d'avenir* ».

[3] Laboratoire de génétique et de biophysique des plantes (CNRS/CEA/Aix-Marseille Université)

[4] Unité CNRS/Université Claude Bernard Lyon 1

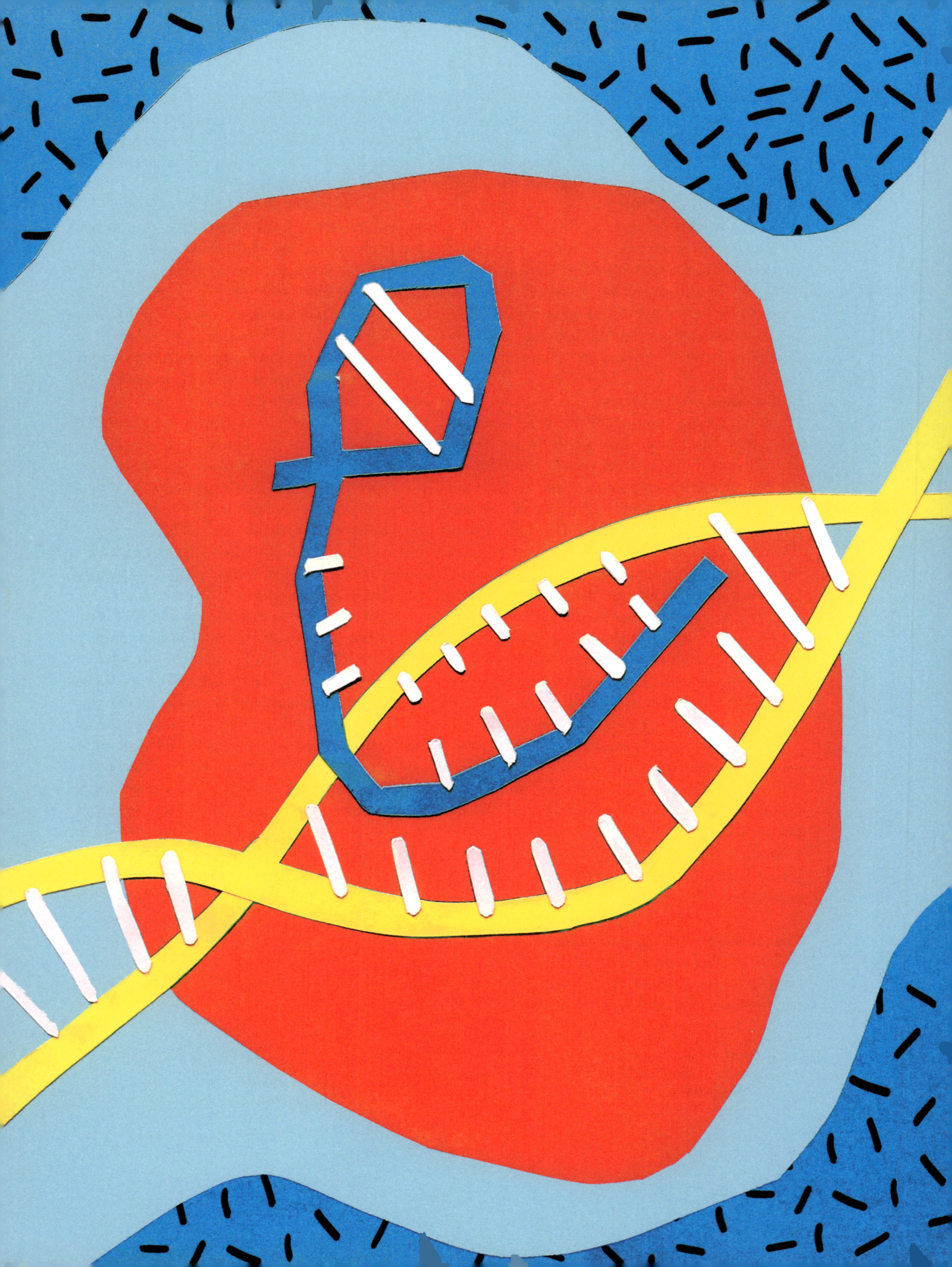

Des ciseaux génétiques pour le cerveau

En permettant d'intervenir sur l'ADN de manière chirurgicale, les ciseaux génétiques CRISPR-Cas9 ne font pas que révolutionner les techniques d'édition du génome, ils ouvrent aussi des opportunités enthousiasmantes pour l'étude du cerveau.

article écrit par Léa Galanopoulo
mots-clés neurosciences, CRISPR, génome, ADN, maladies, cerveau, biotechnologie

CRISPR-Cas9… Derrière cet acronyme barbare se cache une innovation révolutionnaire qui permet de remplacer un gène par un autre ou de le modifier. La méthode paraît presque trop simple, et pourtant elle est le fruit de près de trente ans de recherche. CRISPR-Cas9 (prononcez «crispère») fonctionne comme des ciseaux génétiques: il cible une zone spécifique de l'ADN, la coupe et y insère la séquence que l'on souhaite.

CRISPR-Cas9 est un complexe formé de deux éléments: d'un côté, un brin d'ARN, de séquence homologue à celle de l'ADN que l'on veut exciser, de l'autre, une endonucléase, le Cas9. Dans la cellule, le brin d'ARN va reconnaître la séquence homologue sur l'ADN et s'y placer. L'enzyme Cas9 se charge alors de couper la chaîne ADN complémentaire à ce brin ARN. Le trou laissé par le passage du CRISPR-Cas9 pourra être comblé par n'importe quel nouveau fragment d'ADN.

«C'est une technique révolutionnaire, certainement l'innovation majeure du XXIe siècle en biotechnologie!», s'enthousiasme Jean-Stéphane Joly, directeur de recherche à l'Institut des neurosciences Paris-Saclay [1]. Si CRISPR-Cas9 met le monde scientifique en émoi, c'est qu'il étend les possibilités de retouche génétique à l'infini: supprimer un gène malade, le remplacer par une séquence saine ou étudier la fonction précise d'un brin d'ADN à la molécule près… Aucun secteur de

(...) C'est une technique révolutionnaire, certainement l'innovation majeure du XXIe siècle en biotechnologie !

la biologie n'y échappe et de nouvelles applications sont publiées quotidiennement.

Les origines de la découverte du CRISPR-Cas9 remontent à 1987, lorsque des chercheurs japonais repèrent chez la bactérie *Escherichia coli* des séquences d'ADN dont l'enchaînement des bases (A, C, T, G) se lit de la même manière dans les deux sens : à l'instar des mots « radar » ou « kayak », on parle de palindromes. Le rôle de ces fragments, baptisés CRISPR, pour « courtes répétitions en palindrome regroupées et régulièrement espacées », ne sera mis en lumière que vingt ans plus tard : d'une part quand on constatera que les morceaux d'ADN intercalés entre les palindromes sont souvent des séquences d'ADN de virus, d'autre part quand on montrera que les bactéries porteuses de ces séquences résistent mieux aux infections. L'ARN d'un complexe CRISPR-Cas9 lui permet ainsi de reconnaître et de se lier à l'ADN viral présent dans la bactérie, pour ensuite le détruire.

Les chercheuses Emmanuelle Charpentier [2] et Jennifer Doudna, de l'Université de Berkeley, vont, dès 2012, s'inspirer de cette réaction immunitaire bactérienne et la détourner pour en faire un véritable outil biotechnologique à la portée de tous.

Cela suscite de nombreux espoirs, notamment celui d'élucider le fonctionnement du cerveau. L'utilisation des CRISPR démultiplie en effet les possibilités de recherche fondamentale en neurosciences : en coupant un gène précis sur un modèle animal, on peut déterminer plus exactement son rôle, par exemple dans le développement du cerveau. De plus, elle ouvre la voie à de nombreuses applications thérapeutiques. Ainsi, si un gène est incriminé dans une maladie mentale, il devient envisageable à terme de l'éliminer, de le corriger ou de le remplacer avec notre bistouri génétique.

On ne s'étonnera donc pas qu'en neurosciences plusieurs recherches utilisent déjà le CRISPR. C'est notamment le cas des travaux de Jean-Stéphane Joly. « *Grâce à l'édition génomique, nous caractérisons avec précision des mutations responsables de la microcéphalie chez le poisson zèbre* », explique-t-il. Le chercheur coordonne aussi le Réseau d'étude

[1] Unité CNRS/Université Paris Sud

[2] Laboratoire matrice extracellulaire et dynamique cellulaire (CNRS/Université de Reims Champagne-Ardenne)

fonctionnelle chez les organismes modèles (Efor), qui s'appuie entre autres sur l'édition du génome pour construire la carte génétique et phénotypique de nombreux modèles animaux et végétaux.

Tumeurs cérébrales, étude du développement des neurones, autisme... En coupant de simples fragments d'ADN, il devient possible d'établir le profil génétique d'un nombre immense de maladies mentales, d'autant plus qu'elles sont souvent multigéniques. Pour l'autisme, par exemple, plus de 300 variations génétiques ont déjà été identifiées. Seulement, elles ne s'expriment pas toutes de la même façon au niveau des différents neurones. Avec CRISPR-Cas9, il devient possible d'étudier localement ces expressions génétiques. D'ailleurs, les gènes codants pour une protéine ne sont pas les seules parties de l'ADN impliquées dans le développement de troubles. Entre ces parties, il existe en effet des séquences d'ADN régulatrices, que l'on a longtemps considérées comme des déchets génétiques. Or ces parties non codantes jouent en réalité un rôle essentiel dans de nombreuses pathologies. À l'avenir, CRISPR-Cas9 pourrait servir à mieux caractériser le rôle encore largement méconnu de ces fragments.

Une technique simple, rapide et bon marché

Si CRISPR-Cas9 constitue une avancée révolutionnaire, d'autres techniques d'édition du génome existaient avant elle. Frédéric Causeret, chercheur en neurosciences [3], les utilisait sur ses souris pour étudier leur développement cérébral. Pourtant, il envisage d'avoir recours à CRISPR-Cas9 dans les mois qui viennent. *«Pour modifier le génome de la souris, nous disposons déjà de la recombinaison homologue. Mais le CRISPR est nettement plus rapide!»*, précise-t-il.

Alors qu'avec l'ancienne technique il faut près d'un an pour obtenir une souris avec la mutation souhaitée, le CRISPR permet d'y parvenir en à peine deux mois, et à moindre coût. La manipulation revient au total à quelques milliers d'euros, alors que certaines souris mutantes peuvent valoir jusqu'à 50 000 euros. *«La technique est très*

fig. Emmanuelle Charpentier (à gauche) et Jennifer Doudna (à droite) sont les co-inventrices de la technique d'édition génomique utilisant CRISPR-Cas9.
©M. Riopa/AFP

[3] Laboratoire Génétique et développement du cortex cérébral, Institut Jacques Monod (CNRS/Université Paris Diderot)

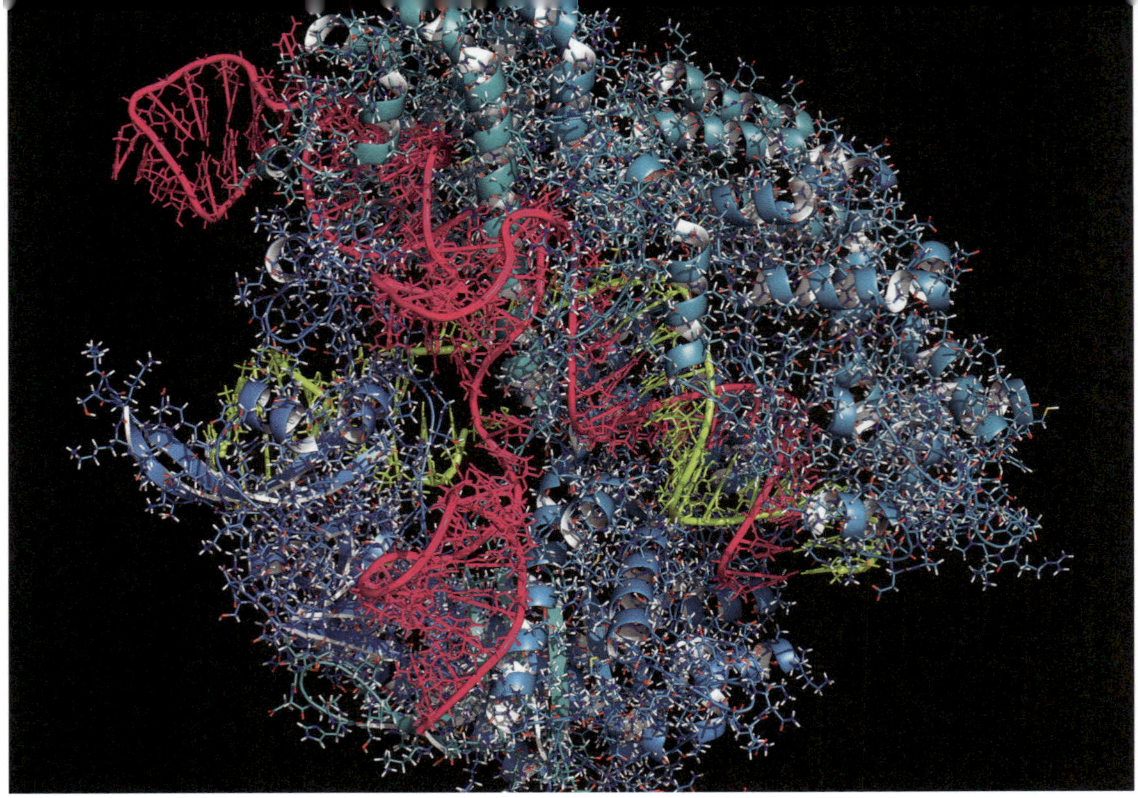

simple à mettre en œuvre, elle nous épargne certaines étapes fastidieuses », explique le scientifique.

Le CRISPR-Cas9 suscite les rêves les plus fous, notamment parce qu'il permet de supprimer et de remplacer plusieurs gènes en même temps, contrairement aux autres techniques d'édition génétique. « *On va pouvoir créer des modèles de pathologies mentales multigéniques de manière simple et rapide* », prédit Frédéric Causeret. Certaines recherches utilisant CRISPR-Cas9 ont même réussi à moduler l'expression d'un gène donné sans avoir à l'éditer.

« *Le CRISPR ne va pas changer nos routines, mais il nous ouvre des perspectives que l'on n'envisageait même pas car c'était beaucoup trop long* », indique le chercheur. La technique permet en effet de générer des pertes de fonction génétique extrêmement rapides, sur de nombreuses lignées, ou encore de tracer n'importe quelle protéine dans le cerveau. Pour Jean-Stéphane Joly, cette avancée va révolutionner la biologie, à l'instar de la méthode d'amplification génique PCR qui a révolutionné la biologie moléculaire et l'analyse génomique il y a une trentaine d'années. « *Le CRISPR-Cas9, c'est l'iPhone de la biotechnologie* », dit-il en souriant, précisant que l'on verra certainement apparaître des centaines de nouveaux brevets dans les années à venir.

Alors qu'il y a quelques temps, l'édition génomique n'était disponible que pour les souris, le CRISPR-Cas9 permet désormais d'éditer le génome de tous les êtres vivants : poisson zèbre, primate, insectes sociaux… Mais si les recherches se multiplient, leurs résultats ne sont pour l'instant pas extrapolables à l'homme.

Quels freins chez l'être humain ?

Envisager une application thérapeutique avec le CRISPR-Cas9 pose en premier lieu la question de l'administration. Si, *in vitro*, il suffit d'injecter le mélange dans le noyau, *in vivo*, la tâche reste ardue. En particulier, comment le délivrer jusqu'au cerveau ? « *Chez la souris, nous transférons* in utero *le matériel génétique dans l'embryon par la méthode dite d'électroporation* », explique le chercheur.

fig. Représentation moléculaire du complexe CRISPR-Cas9 provenant d'une bactérie *Streptococcus pyogenes*.

(…) Pour certaines maladies neurodégénératives, on pourrait envisager une édition du génome avant l'apparition des symptômes.

Mais cette méthode semble difficilement applicable à l'homme. La voie d'entrée des CRISPR pourrait donc se faire grâce à un vecteur viral, à l'instar des thérapies géniques classiques. Enfin, l'inoculation du matériel génétique pourrait aussi avoir lieu après le stade embryonnaire. *«Dans le cadre de certaines maladies neurodégénératives, on pourrait envisager une édition du génome chez l'adulte avant l'apparition des premiers symptômes»*, imagine ainsi Frédéric Causeret.

Néanmoins, pour ces applications humaines, les problèmes éthiques et de sécurité prédominent. Les risques que les CRISPR manquent leur cible sont faibles, mais ils existent. *«Il suffirait que le CRISPR-Cas9 modifie une séquence qui ressemble beaucoup à celle que l'on cible pour déclencher une catastrophe. Il pourrait par exemple découper un gène suppresseur de tumeur par erreur»*, précise-t-il.

Agronomie, écologie, neurologie… Les applications des CRISPR semblent sans limites. *«Certains pensent utiliser l'édition génomique pour rendre le moustique stérile et ainsi éradiquer le paludisme. Ou même pour empêcher les pommes de terre de noircir!»*, explique Jean-Stéphane Joly, ajoutant qu'il faudra strictement contrôler ces modifications génétiques et leur effet sur l'environnement. Une chose est sûre, le CRISPR-Cas9 est loin d'avoir dévoilé l'étendue de ses applications. *«À l'évidence, les découvertes sur la réécriture du génome méritent le prix Nobel!»*, assure même Jean-Stéphane Joly.

→ Point de vue

Si on rembobinait le film de la vie sur Terre...

l'auteure Biologiste de l'Institut Jacques-Monod (CNRS/Inserm/ Université Paris Diderot), Virginie Orgogozo, tente de mieux comprendre les mécanismes de l'évolution, à savoir comment les espèces ont changé au cours du temps. Ses travaux remarqués lui ont déjà valu plusieurs distinctions importantes dont le prix Irène Joliot-Curie de la « Jeune femme scientifique » de l'année 2014.

mots-clés espèces, différences, mutations, chocolat

Notre monde est-il une version possible parmi tant d'autres ? Au vu des nombreux événements qui se sont répétés au cours de l'histoire de la vie sur Terre, la biologiste Virginie Orgogozo s'interroge sur les voies qu'aurait pu prendre l'évolution.

« Vingt ans après, je repense à ce que j'ai appris pendant mes études. À l'époque, on nous expliquait – et on le fait encore aujourd'hui – que notre planète Terre avait suivi une évolution désordonnée imprévisible et que l'existence de telle ou telle espèce était tout simplement fortuite. Il semblait évident que, si les conditions avaient été légèrement modifiées, alors aurait évolué sur la Terre un monde vivant radicalement différent. Effectivement, il paraissait naturel de penser que, si une météorite n'avait pas frappé la surface de la Terre il y a 65 millions d'années, les dinosaures n'auraient pas disparu brutalement et vous ne seriez pas en train de lire cet article aujourd'hui. N'en déplaise à mon émerveillement pour les organismes vivants, il fallait admettre que la trajectoire de la vie sur Terre avait été extrêmement sensible aux conditions initiales.

Bien sûr, si on rembobinait le film de la vie sur Terre et qu'on le relançait en changeant légèrement le début, les êtres vivants seraient forcément dissemblables à ce que nous connaissons. Mais plutôt que de se demander si la vie serait différente, il me semble plus pertinent de chercher à savoir à quel point elle serait différente. Nous n'avons à disposition qu'un seul exemple d'histoire de la vie sur la Terre, donc comment pouvons-nous être sûrs que le monde vivant aurait été totalement incomparable ? L'idée toute simple que je voudrais avancer ici est que nous ne savons pas à quel point la vie sur Terre aurait été différente avec d'autres conditions initiales. En partant de cette hypothèse, il devient alors envisageable de faire des expériences et des observations pour essayer de lever le voile sur cette affaire.

L'examen minutieux de notre passé révèle qu'à des moments et à des endroits divers, des formes de vie semblables se sont parfois échafaudées de manière indépendante. Ainsi, on rencontre dans les milieux enneigés divers animaux de coloration blanche, dans les milieux aquatiques des corps en forme de poisson et, en Australie, des marsupiaux qui ressemblent aux écureuils volants d'Amérique. Les nombres sont surprenants : la photosynthèse en C4 – un métabolisme particulier qui permet aux plantes de mieux affronter la sécheresse – est apparue indépendamment plus de soixante fois, les yeux plus de quarante-cinq fois et les rats-taupes aux yeux atrophiés et aux pattes fouisseuses plus de vingt fois. Si le processus évolutif était totalement aléatoire et extrêmement sensible aux conditions initiales, on n'observerait pas tant de répétitions.

fig. La chute sur Terre d'une météorite de 10 km de diamètre aurait joué un rôle majeur dans l'extinction des dinosaures il y a 65 millions d'années.

Les données récentes de la biologie indiquent que l'évolution se répète aussi au niveau des gènes et des mutations. Dans des expériences d'évolution expérimentale (où on laisse évoluer des êtres vivants dans un environnement choisi et on répète cette même expérience plusieurs fois), on a pu observer le déploiement des mêmes mutations de façon indépendante. Aussi l'évolution répétée du même caractère chez diverses espèces est-elle souvent causée par des mutations dans le même gène. Par exemple, l'adaptation à une nourriture riche en amidon à la suite du développement de l'agriculture s'est accompagnée de mutations dans les mêmes familles de gènes chez l'homme et chez le chien.

Aujourd'hui, nos connaissances ont tellement avancé qu'on peut même deviner quels gènes ont muté au cours de l'évolution. Ainsi, on peut prédire qu'une plante résistante à l'herbicide imidazolinone a de grandes chances d'avoir une mutation dans le gène ALS. Toutes ces répétitions au cours de l'histoire de la vie suggèrent que l'évolution n'est pas aussi dépendante des conditions initiales que ce qu'on aurait pu croire.

Comment un phénomène qui résulte de nombreux processus aléatoires (mutations, rencontres des ovules et des spermatozoïdes, accidents météorologiques, etc.) peut-il être prédictible ? C'est un peu comme un confiseur qui évalue le nombre de boîtes de chocolats achetées en fonction du mois de l'année alors qu'il ne connaît pas le comportement individuel de chacun des habitants de son quartier. Le temps, en cumulant les effets des processus aléatoires brefs, peut faire émerger des tendances prédictibles. Même si les mutations

surviennent de façon imprévisible, celles qui subsistent dans les populations pendant de longues échelles de temps et qui sont responsables de changements évolutifs entre espèces peuvent être pronostiquées. Concernant l'évolution des caractères visibles des êtres vivants, l'enjeu est alors de trouver de nouveaux concepts généraux pour la prédire.

La recherche en biologie fondamentale s'articule autour de deux interrogations : comment et pourquoi le vivant est-il ainsi ? Traditionnellement, la question du pourquoi a consisté à se demander pourquoi telle structure vivante existe alors qu'elle aurait pu ne pas voir le jour. Depuis quelques années, on voit se dégager un nouveau type de questionnement : pourquoi ce système vivant est-il apparu et pas un autre ? Les biologistes se mettent à imaginer d'autres mondes possibles.

Pour les séquences d'ADN, c'est relativement simple : on peut envisager toutes les compositions possibles des lettres A, C, G et T. Pour les caractères visibles, c'est plus compliqué. Il y a au moins trois façons d'imaginer d'autres mondes vivants : on peut faire varier un paramètre (nombre de bras, constante de gravité...), combiner des traits de caractère (un reptile avec des ailes de chauve-souris) ou bien transférer une propriété du domaine non vivant au vivant (des organismes qui se déplaceraient sur quatre roues). Quoi que l'on fasse, on a toujours besoin de partir de notre monde pour en inventer d'autres. Trouver les divers chemins qui étaient accessibles à l'évolution n'est donc pas une mince affaire.

En résumé, la trajectoire évolutive du vivant n'est pas aussi sensible aux conditions initiales que ce que l'on croyait dans les années 1990. Si les dinosaures n'avaient pas disparu, une intelligence proche de la nôtre aurait peut-être évolué quand même. Faut-il rechercher des créatures à yeux et à cerveau sur ces milliers d'exoplanètes qui pourraient abriter la vie ? Aujourd'hui, la biologie se penche sur la question et elle pourrait nous apporter bientôt des éléments de réponse. »

fin du dossier *Le siècle du vivant*

« Comprendre comment les gens s'attachent aux robots »

Véronique Aubergé

Passionnée par le langage, Véronique Aubergé est aujourd'hui une des grandes spécialistes de la robotique sociale, c'est-à-dire des liens que nouent les humains avec les robots. Elle nous parle de son parcours atypique et de ses recherches actuelles menées auprès de personnes âgées.

entretien réalisé par Laure Cailloce
lieu Laboratoire d'informatique de Grenoble
mots-clés langage, robots compagnons, dépendance, éthique, communication

Le sujet qui obsède cette spécialiste du langage depuis son recrutement au Laboratoire d'informatique de Grenoble (LIG)[1] en 2012 ? La robotique sociale, soit la façon dont nous nouons des liens avec les machines et la nature de ces liens. Véronique Aubergé, qui a participé au printemps à la création de la première chaire « Robotique et éthique »[2] de France, a décidé avec son équipe de s'intéresser à un public en particulier : les personnes âgées isolées. Elle a l'intime conviction que les robots pourront aider à réparer le lien social, en « réentraînant » ces personnes au lien avec autrui. Ce jour-là, justement, son équipe s'apprête à recevoir une retraitée grenobloise à son Living Lab, un véritable appartement de trois pièces où la personne âgée va être laissée en compagnie d'un drôle de robot à roulettes. Rencontre avec une passionnée, au cœur de la régie où écrans et commandes permettent d'orchestrer l'expérience en coulisses.

Avant d'en venir aux robots, parlons un peu de votre parcours. Depuis toujours, vous vous passionnez pour le langage. Comment cette quasi-obsession vous est-elle venue ?

Véronique Aubergé : Quand j'étais adolescente, je voulais être danseuse, j'ai même été prise à l'opéra de Genève. J'avais 14 ans et je voulais comprendre comment, alors que leur virtuosité technique était la même, un danseur pouvait émouvoir avec une figure et l'autre non. Je voulais comprendre ce qu'était la grâce. C'est un peu comme le charisme :

en employant presque les mêmes formules, certains vont susciter l'adhésion par leur discours et d'autres pas du tout. Au-delà du vocabulaire employé, qu'est-ce qui fait un Gandhi ou un de Gaulle ? Cette communication au-delà des mots, au-delà de l'alphabet des figures de la danse, j'ai eu l'intuition qu'elle serait plus facile à percer avec la danse qu'avec la linguistique. Je voulais donc être danseuse professionnelle et faire de la linguistique « pour le fun ». La vie en a décidé tout autrement : mon corps a lâché et j'ai dû inverser mes priorités.

Vous avez pourtant fait de l'informatique avant d'étudier le langage…

V. Aubergé : J'ai fait un détour pour arriver à la linguistique. J'étais bonne en maths, alors je n'ai pas vraiment eu le choix : on m'a orientée vers maths sup, puis je suis allée à la fac où j'ai suivi un cursus en maths et informatique. Ma chance, c'est que j'ai dû travailler pour payer mes études : j'ai donc fait le tour des labos à Grenoble et j'ai été prise à l'Institut de phonétique (devenu depuis l'Institut de la communication parlée), où je suis restée trente ans ! En deuxième année de fac, j'avais déjà décroché mon premier contrat de recherche avec le Centre national d'études des télécommunications (Cnet) : j'ai construit un petit programme pour faire du traitement de signal et acquérir les points remarquables de la parole avec un phonéticien. En même temps que mon cursus de sciences dures, j'ai suivi des cours de phonétique et des cours de psychologie afin de mieux comprendre l'individu qui parle. C'était assez inédit à l'époque, car ces disciplines ne se « parlaient » justement pas.

Vous vous êtes concentrée sur une modalité particulière du langage : la prosodie. Pouvez-vous nous en donner une définition succincte ?

V. Aubergé : La prosodie, c'est la musique des mots : le rythme, l'intonation, les silences, l'émotion… Tout ce qui n'est ni le vocabulaire, ni la structure de la langue. On peut se faire comprendre par un simple soupir, cela prouve bien que les mots sont secondaires dans la communication entre les individus. Un bébé de 3 mois ne maîtrise pas le langage, mais il a déjà une très jolie prosodie communicationnelle : on sait s'il a faim, s'il est fatigué ou s'il fait une crise d'autorité. Mon objectif depuis toujours est de disséquer la langue orale jusqu'à en trouver les ressorts les plus intimes. C'est un travail de longue haleine : trente ans plus tard, j'y travaille encore !

Vous vous êtes notamment intéressée à l'apprentissage d'une deuxième langue, pourquoi ?

V. Aubergé : Afin d'identifier les ressorts du langage parlé, j'ai pris le parti de m'attaquer aux situations où il était défaillant. Je me suis donc concentrée sur les pathologies de la communication, notamment les pathologies langagières dues, par exemple, à l'apprentissage d'une deuxième langue. Pour ce faire, j'ai beaucoup travaillé sur la prosodie du mandarin, du vietnamien, de l'anglais ou encore du japonais… Quand on s'empare d'une langue qui n'est pas sa langue maternelle, on développe des pathologies d'expression qui peuvent donner lieu à de graves malentendus : on peut maîtriser parfaitement le vocabulaire et la syntaxe d'une seconde langue, mais pas du tout sa prosodie… Cela montre bien que c'est là, dans cette prosodie, que se noue la communication. Ainsi, le ton d'un Japonais qui veut exprimer une politesse extrême sera perçu par un Occidental comme arrogant et autoritaire ; et plus le Japonais, ressentant ce malaise, tentera d'être poli, plus l'Occidental se raidira… À 12 ans, j'ai vu *Les Sept Samouraïs*, de Kurosawa : ces hommes totalement soumis à l'empereur semblaient pourtant, à mon oreille de jeune Française, lui parler comme à un chien. Je me suis dit qu'il y avait là quelque chose !

Dans le même temps, vous êtes devenue une spécialiste reconnue de la synthèse vocale…

V. Aubergé : Oui, cela a même été mon premier vrai travail de recherche, menant notamment à la

[1] Unité CNRS/Institut polytechnique de Grenoble/Institut national de recherche en informatique et en automatique/ Université Grenoble Alpes

[2] Dédiée à la robotique de service aux personnes, la chaire d'excellence industrielle Robo'ethics a été inaugurée le 27 mai 2016 par la fondation partenariale Grenoble INP (Institut polytechnique de Grenoble).

fig. Véronique Aubergé, en compagnie de Jérôme Maisonnasse (responsable du Fab Lab du Laboratoire d'informatique de Grenoble) et du robot de téléprésence RobAIR. © D. Morel/LIG/CNRS Photothèque

construction de systèmes de synthèse vocale en français. Lorsqu'on crée des systèmes qui reproduisent la parole humaine, il faut être capable de savoir comment cette parole fonctionne. Pour réaliser ces projets, j'ai surtout travaillé avec des industriels : eux se moquent de la théorie, ils veulent du résultat et c'est un excellent levier de motivation pour un chercheur. J'ai fait mon DEA sur la synthèse vocale au sein du Cnet, puis ma thèse chez l'industriel Oros qui avait dans les années 1980 un projet européen dans ce domaine. J'ai obtenu une certaine reconnaissance grâce à mes systèmes de synthèse, car ils étaient particulièrement intelligibles. Le Cnet et les Bell Labs ont même voulu m'embaucher. Mais je n'étais moi-même pas satisfaite de ces systèmes : j'estimais qu'on ne les évaluait pas selon les bons critères, car on n'avait tout simplement pas compris la communication humaine…

Quelle erreur commettait-on avec les systèmes de synthèse vocale à cette époque ?

V. Aubergé : Personne ne se demandait l'effet qu'une voix de synthèse produit sur l'humain avec lequel elle est en interaction. Par exemple, si un système parle comme une hôtesse de l'air, il faut savoir pourquoi on utilise cette voix-là et quelles sont les conséquences sur l'interlocuteur humain. Une bonne illustration en est le film *Her*, de Spike Jonze, sorti en 2014 : le héros tombe amoureux de Samantha, une voix de synthèse féminine intelligente, intuitive et étonnamment drôle… qui, après un certain temps, lui avouera qu'elle est amoureuse de 637 autres hommes ! Le héros avait fini par oublier qu'il s'adressait à une machine.

Votre arrivée au Laboratoire d'informatique de Grenoble, en 2012, a donné un nouveau tour à vos recherches…

V. Aubergé : Après avoir été rattachée pendant près de trente ans à l'Institut de la communication parlée, je me retrouve pour la première fois dans un laboratoire 100 % informatique, mais qui a su donner une place à mes compétences en sciences humaines et sociales. Cela m'a ouvert à un nouveau domaine, la robotique, tout en me permettant de poursuivre ma vieille obsession : saisir ce qui, au-delà des mots et de l'information qu'ils véhiculent, crée le lien dans la communication parlée et que j'appelle la « glue socio-affective ». Grâce aux robots, j'ai l'espoir de comprendre enfin ce qui relie les gens entre eux, et peut-être même de réparer ce lien quand il est endommagé… Mon projet est d'examiner les interactions qui se jouent (ou pas) entre un robot et une personne qui a des difficultés à créer du lien social. Pour cela, j'ai choisi de travailler avec des gens âgés en situation d'isolement dans un premier temps. Certaines personnes très isolées perdent en effet le « mode d'emploi » des relations sociales et finissent par se montrer désagréables avec leur aide domestique ou leurs enfants lorsqu'ils viennent les voir. On sait aussi que les personnes isolées ont cinq fois plus de risque de développer des pathologies physiques ou neurologiques.

Comment construisez-vous vos expériences de robotique sociale ?

V. Aubergé : Mon objectif, c'est de comprendre comment les gens s'attachent aux robots, comment ils le manifestent et si c'est reproductible. J'ai donc monté un protocole d'observation avec mon équipe. Nous utilisons le Living Lab Domus, un petit appartement de trois pièces recréé dans nos locaux, où toutes les commandes (actionner les stores, allumer la bouilloire électrique, la télévision ou la lumière) sont activées via un robot domotique appelé Emox. Ce petit robot doté de roulettes et haut d'une trentaine de centimètres nous a été fourni par la société Awabot, un fabricant qui se pose des questions sur les conséquences que la présence d'un robot a sur les humains autour de lui. Pour cela, nous observons des personnes âgées interagir avec Emox en conditions réelles. Afin de ne pas influencer l'expérience, nous ne leur disons pas la vraie raison de leur venue dans le Domus,

nous prétextons qu'il s'agit de tester un appartement pilote pour personnes dépendantes.

Comment se déroulent ces rencontres ?

V. Aubergé: Nous expliquons aux personnes qu'Emox est un robot à commande vocale et qu'elles doivent lui donner directement leurs consignes – « allume la télévision », « mets en marche la bouilloire » – pour faire fonctionner les appareils de l'appartement. Lui les suit docilement d'une pièce à l'autre. Généralement, deux cas de figure se présentent : si la personne est peu isolée, le robot va l'amuser un moment puis elle va rapidement s'en désintéresser ; si elle très isolée, elle va mettre un temps avant de s'intéresser au robot, hormis les quelques commandes qu'elle va lui adresser, puis les échanges vont progressivement s'intensifier jusqu'à devenir très nourris. Pour cette expérience, nous avons fait le choix d'utiliser un robot aux capacités langagières limitées : il émet de petits bruits de bouche, produit des onomatopées et prononce deux ou trois phrases courtes comme « Comme ça ? » ou « Je peux faire quelque chose ? » Notre hypothèse est que ces petits bruits sont assez puissants pour créer la fameuse « glue socio-affective » entre l'humain et le robot. De fait, lorsque les personnes âgées commentent après coup l'utilisation de cet appartement, elles abordent spontanément la présence du robot dès les premières minutes et elle disent toujours la même chose : « C'est bien pour une personne un peu seule... » Cela confirme notre hypothèse selon laquelle Emox pourrait aider à réparer le lien social en « réentraînant » progressivement les personnes âgées au contact avec autrui.

Pourtant, vous êtes contre les machines « compagnons »...

V. Aubergé: Il n'est pas question de faire des robots des susbtituts à la présence humaine. Un robot conçu uniquement pour tenir compagnie, c'est extrêmement dangereux tant qu'on ne saura pas précisément ce qui se joue dans l'interaction avec l'homme. C'est pourquoi il est important que le robot ait un rôle bien défini, qui ne pourrait pas être occupé par un humain : la domotique, comme dans le cas d'Emox, ou encore la purification de l'air intérieur. Je ne prends pas cet exemple au hasard : nous avons noué un partenariat avec l'industriel Partnering Robotics qui commercialise Diya One, un purificateur d'air, dans les entreprises, et qui veut comprendre pourquoi, contre toute attente, les salariés entrent en interaction avec lui. Certains le trouvent « gentil » car il se détourne de leur chemin (il est programmé pour éviter les obstacles), d'autres l'estiment au contraire « malpoli » ou « fuyant ». Partnering Robotics aimerait être en mesure de mieux comprendre et maîtriser ces réactions. L'humain est ainsi fait qu'il ne peut s'empêcher de faire de l'anthropomorphisme avec les objets de son environnement.

Emox n'est pas le seul robot que vous testez dans votre laboratoire...

V. Aubergé: En effet. Nous avons un autre projet autour des robots de téléprésence, notamment ceux utilisés en milieu scolaire pour permettre aux enfants hospitalisés de suivre la classe à distance. Nous travaillons sur des robots déjà commercialisés comme Beam ou VGo – qui sont pour l'essentiel des systèmes de visioconférence téléopérés. Mais nous voulons aller plus loin et nous développons avec le Fab Lab du laboratoire notre prototype de robot de téléprésence, RobAIR, qui devrait être en expérimentation dans une classe de Dijon [3] à partir de septembre 2016. En classe, un élève n'est pas seulement en train d'écouter le professeur, il échange des regards ou des chuchotements avec ses voisins, par exemple. Ces interactions sont partie intégrante de son système attentionnel et conditionnent sa motivation à apprendre. RobAIR devrait donc proposer trois points de contact différents : le toucher vocal qui permet à l'élève absent de chuchoter à l'oreille de son voisin ; le toucher visuel qui permet de croiser

fig. Le robot domotique Emox
© D. Morel/LIG/CNRS Photothèque

[3] Expérimentation menée en partenariat avec le rectorat de Dijon et le conseil départemental de la Côte-d'Or

le regard d'un autre élève (le robot est pour cela doté de leds clignotantes); enfin, le toucher tactile, puisque RobAIR est équipe de « hugs », des zones actives situées dans son « dos » qui permettent aux élèves d'exercer une pression que l'enfant absent ressentira grâce à un bruit vibratile.

Vous avez un parcours atypique, encore aujourd'hui...

V. Aubergé: Oui, je suis une sorte d'ovni à l'université: j'ai en effet les qualifications pour faire de la recherche en informatique, en traitement du signal, en sciences de la communication et en sciences du langage. Mais il a fallu que je bosse dur pour cela, en suivant des tas de cursus en parallèle. Heureusement, les choses commencent à changer... À titre personnel, j'ai beaucoup lutté pour que des disciplines aussi fermées l'une à l'autre que les sciences du langage et l'informatique (que tout le monde nomme pourtant langage!) puissent enfin dialoguer au sein d'une même formation. Aujourd'hui, je suis responsable du département Informatique en langues, lettres et langage au sein de l'université de lettres de Grenoble, une petite révolution! À l'intérieur de ce département, les formations consacrées au traitement automatique des langues ou à l'industrie de la langue sont particulièrement prisées par les industriels et les laboratoires, qui nous appellent directement pour « réserver » des étudiants. C'est l'une de mes plus grandes fiertés. ■

BULLETIN
d'abonnement

n°2 à paraître en mai 2017

www.carnetsdescience-revue.fr

Abonnement annuel
2 numéros

❒ 25 € frais de port inclus :
France, DOM-TOM

❒ 30 € frais de port inclus :
UE et Suisse

❒ 35 € frais de port inclus :
Reste du monde

Abonnement pour 2 ans
4 numéros

❒ 50 € frais de port inclus :
France, DOM-TOM

❒ 60 € frais de port inclus :
UE et Suisse

❒ 70 € frais de port inclus :
Reste du monde

Commandez...

Par voie postale, en renvoyant ce bon de commande à CNRS Editions / Abonnement Carnets de science / 15, rue Malebranche / 75005 Paris, accompagné d'un chèque à l'ordre de « CNRS Editions ».

Par mail à l'adresse suivante : abo@carnetsdescience-revue.fr

Par téléphone au 01 53 10 27 00.

➤ **Je souhaite que l'abonnement démarre à partir du numéro :**
#1 ou #2

M. / Mme / Mlle

Prénom ....

Nom ....

Adresse..

....

Code postal..

Ville..

Pays..

Tél. ....

E-mail ....

➤ **Je souhaite offrir *Carnets de science* à :**

M. / Mme / Mlle

Prénom ....

Nom ....

Adresse..

....

Code postal..

Ville..

Pays..

→ Diaporama

Climat, ce que nous apprennent les forêts

En Méditerranée, différentes plateformes permettent d'étudier l'impact des changements climatiques à venir sur les écosystèmes. Elles simulent notamment la baisse du volume des précipitations, l'une des menaces qui pèsent sur la biodiversité dans cette région. Les chercheurs de l'Institut méditerranéen de biodiversité et d'écologie marine et continentale (IMBE) sont sur le terrain.

diaporama réalisé par Marie Mabrouk et Christelle Mercier Pineau
photographies de Thibaut Vergoz
laboratoire Institut méditerranéen de biodiversité et d'écologie marine et continentale (unité CNRS /Aix-Marseille Université/Institut de recherche pour le développement/ Université d'Avignon)
mots-clés canopée, garrigue, pluie, effet de serre
crédits photos T. Vergoz/IMBE/Cefe/CNRS Photothèque

1/7

Dans le massif de l'étoile, la plateforme Climed domine Marseille. Quatre-vingt-treize structures munies de gouttières, réparties sur 2 hectares, y interceptent les pluies, afin d'étudier la réaction de la garrigue face à la baisse des précipitations.

2/7

Ici, dans la forêt de Fontblanche entre Aubagne et La Ciotat, sur un site-atelier de l'Institut national de la recherche agronomique, une carotte est prélevée sur un pin d'Alep. Elle permettra de constater l'épaisseur des cernes de croissance de l'arbre et de connaître les perturbations auxquelles il a été soumis, comme le manque d'eau.

3/7

Préparation d'une carotte de pin d'Alep prélevée en forêt de Fontblanche. Elle est poncée pour bien visualiser les cernes qui seront ensuite observés sous une loupe binoculaire.

4/7

À l'Observatoire du chêne pubescent (O3HP), qui se trouve à l'Observatoire de Haute-Provence, à une centaine de kilomètres au nord de Marseille, les chercheurs utilisent des bâches déroulantes qu'ils peuvent ouvrir ou fermer au-dessus de la canopée. Cela leur permet d'arrêter une partie des pluies et de simuler les changements climatiques.

La plateforme O3HP est également constituée de passerelles équipées d'instruments de mesure. Ici, une branche est enfermée dans une chambre hermétique afin de capter les composés organiques volatils biogéniques émis par les chênes stressés par la privation d'eau.

6/7

Au sol, des gouttières recueillent les eaux de pluie sous couvert (à gauche) et hors couvert forestier (à droite), pour déterminer le pourcentage intercepté par les arbres. En passant à travers la canopée, les pluies se chargent en éléments minéraux et organiques, et leur composition est aussi étudiée.

7/7

À proximité, la tour Icos (Integrated Carbon Observation System) complète les études. Elle mesure les concentrations atmosphériques des gaz à effet de serre, et notamment du CO_2. Elle permet d'étudier la place de la forêt méditerranéenne dans le bilan carbone et s'inscrit dans un réseau européen de stations de mesures.

8/7

Pour installer les passerelles dans la canopée, en 2009, les scientifiques ont dû slalomer entre les chênes... Mais le jeu en valait la chandelle : les mesures livrent leurs premiers enseignements. Dont celui-ci : la diminution des pluies ralentit fortement la décomposition des litières, composées de feuilles mortes et autres déchets végétaux, alors que celle-ci est un processus-clé dans le fonctionnement de l'écosystème.

Peut-on exploiter le CO_2 de l'atmosphère ?

Pour réduire la quantité de CO_2 présent dans l'atmosphère, les chercheurs veulent s'en servir pour fabriquer des polymères, des carburants ou encore des matériaux de construction.

article écrit par Laure Cailloce
mots-clés climat, atmosphère, capture, cailloux

En 2014, l'homme a émis la bagatelle de 36 milliards de tonnes de dioxyde de carbone (CO_2) dans l'atmosphère. Une quantité encore jamais atteinte et qu'il s'agit de réduire drastiquement si l'on veut limiter la hausse de la température terrestre à 1,5 °C d'ici à la fin du siècle, comme s'y sont engagés les pays présents à la COP21. Si la principale solution reste la réduction à la source des émissions de gaz à effet de serre, d'autres pistes sont à l'étude pour « nettoyer » l'atmosphère de son excès de CO_2. L'enfouissement en est une. Mais la solution la plus sérieusement étudiée par les chercheurs est bien plus audacieuse, puisqu'elle considère le CO_2 de l'atmosphère comme une ressource nouvelle. En clair, il s'agit bel et bien de l'utiliser comme une matière première !

« Dans les faits, l'industrie se sert déjà du CO_2 (il est extrait du sous-sol où on le trouve sous la forme de gisements ou il est le sous-produit de processus industriels, NDLR). *Avec, on fabrique de l'urée, un engrais très utilisé qui sert aussi de précurseur pour de nombreux plastiques, de l'acide salicylique, qui entre dans la composition de l'aspirine et de produits contre l'acné, ou encore des polycarbonates, ces polymères qu'on trouve dans les CD, DVD ou les verres de lunettes,* raconte Marc Robert, chercheur au Laboratoire d'électrochimie moléculaire [1]. *Cela représente une consommation d'environ 150 millions de tonnes de CO_2 par an. Il s'agit d'aller plus loin dans ces usages et même d'en inventer de nouveaux. »*

Et bien sûr, d'utiliser le CO_2 « atmosphérique » après l'avoir capturé. Pour ce faire, il existe actuellement deux méthodes : on peut soit le capter dans l'air ambiant, comme s'y emploie Klaus Lakner,

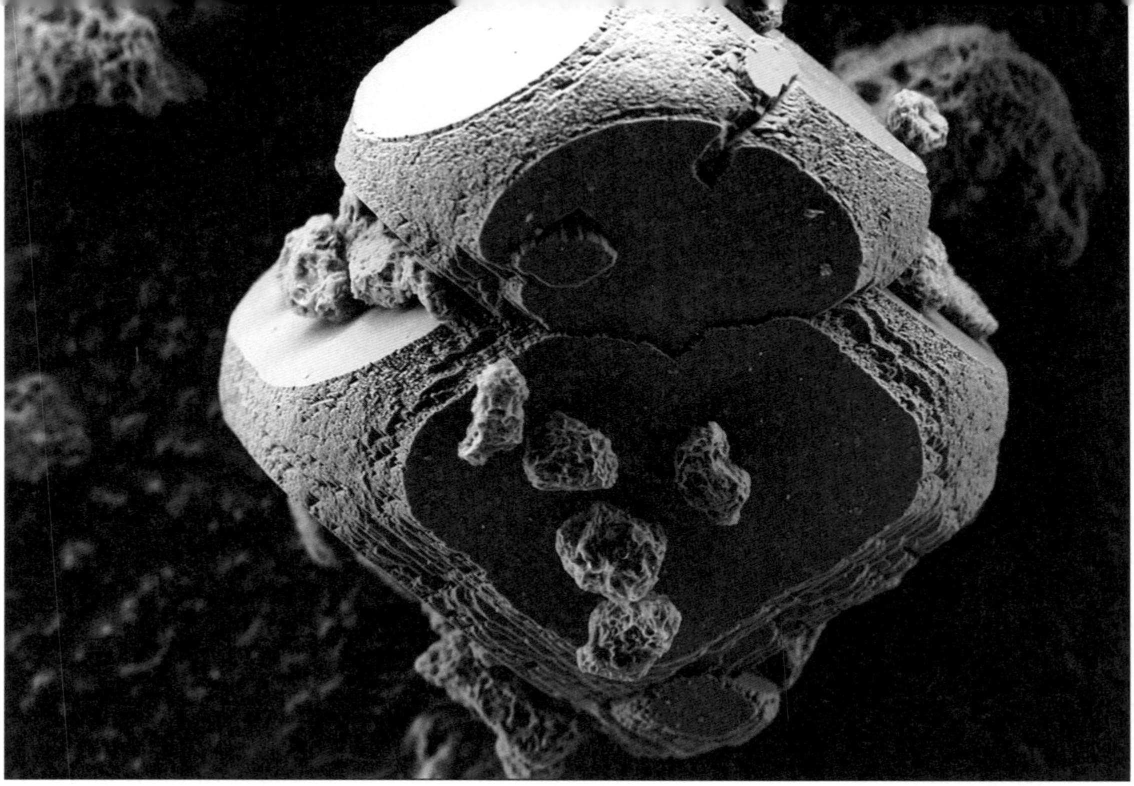

chercheur à l'université d'Arizona, avec son « arbre à CO_2 », un appareil qui ne pourra pas être déployé à grande échelle avant deux ou trois décennies. Soit, de façon plus réaliste, à la sortie des cheminées d'usine où il est le plus concentré : *« Des procédés efficaces existent,* indique François Guyot, chercheur à l'Institut de minéralogie, de physique des matériaux et de cosmochimie [2]. *Leur principe ? Dissoudre le CO_2 au pH acide dans des bains basiques placés au niveau des cheminées. »*

Produire des carburants

Une fois capturé, les possibilités de transformation ne manquent pas : les atomes de carbone présents dans le CO_2 se retrouvent en effet dans de nombreuses molécules prisées par les industriels. *« À partir du CO_2, on est capable de produire du monoxyde de carbone (CO) que l'industrie chimique utilise pour fabriquer des molécules plus complexes »,* explique Marc Robert. Enrichi en hydrogène, le CO permet par exemple d'obtenir de l'acide formique (H-COOH), un composé liquide à température et pression ambiantes qui ferait fonctionner les piles à combustible des voitures du futur avec moins de risques que l'hydrogène pur (H_2), hautement inflammable. Plus complexe à synthétiser que l'acide formique, le méthanol (CH_3OH) constitue un autre débouché pour le CO_2 : utilisé comme solvant dans les peintures, vernis ou encres, cet alcool sert aussi de carburant, notamment pour les fusées.

La démarche est séduisante. Mais utiliser le CO_2 pour fabriquer des produits carbonés à grande échelle exige de surmonter bien des difficultés. *« La molécule de CO_2 est très inerte,* explique Marc Robert. *Ses liaisons carbone-oxygène sont solides et il faut énormément d'énergie pour les casser. »* Surtout, ces opérations de catalyse reposent sur l'usage de métaux précieux comme le platine, l'argent, le rhodium, l'or, l'iridium ou le ruthénium, ce qui constitue un frein. Des centaines de laboratoires sur la planète s'emploient donc à améliorer ces processus en les rendant moins énergivores et en testant des métaux non précieux.

fig. Produit en laboratoire, ce « caillou » de carbonate de magnésium de quelques dizaines de microns pourrait être utilisé dans des matériaux de construction.
©F. Guyot/IMPMC

[1] Unité CNRS/Université Paris Diderot
[2] Unité CNRS/Université Pierre et Marie Curie/Institut de recherche pour le développement/Muséum national d'histoire naturelle

Marc Robert et son équipe travaillent d'arrache-pied à un procédé de catalyse utilisant le fer, le métal le plus abondant dans la croûte terrestre. *« À l'heure où je vous parle, on parvient à fabriquer du CO à partir de CO_2 de façon maîtrisée, grâce à des électrodes contenant du fer,* s'enthousiasme le chercheur. *Nous limitons aussi au minimum les sous-produits issus de la catalyse, puisque nous obtenons uniquement du monoxyde de carbone, gazeux, et de l'eau liquide. »*

Beauté de l'expérience, l'électricité nécessaire est fournie par de petits panneaux solaires, soit une énergie 100 % renouvelable. D'autres laboratoires, notamment australiens, ont réussi à produire un mélange de CO et d'acide formique avec des électrodes au nickel ; des expériences menées avec des cristaux de cuivre réussissent, elles, à donner du méthanol, mais en petites quantités et mélangé à de nombreux sous-produits. *« Il faudra au moins dix ou vingt ans avant que ces techniques ne soient mûres et transférables à l'industrie »*, estime le chimiste Marc Robert.

La nature comme source d'inspiration

Si l'industrie chimique est une source d'inspiration pour les scientifiques, elle n'est pas la seule. Pourquoi ne pas copier directement les processus naturels ? *« La nature ne nous a pas attendus pour utiliser le CO_2 de l'atmosphère »*, explique François Guyot. Et elle s'en sert de deux manières : pour fabriquer de la biomasse par photosynthèse – les plantes produisent des sucres et de l'oxygène à partir du CO_2 de l'atmosphère et de l'eau –, et de la roche sous forme de carbonates. Les falaises de craie d'Étretat ou de Douvres, entièrement constituées de carbonates de calcium ($CaCO_3$), offrent un excellent exemple de ce processus dit de carbonatation, qui s'étend sur plusieurs milliers d'années au cœur des océans. *« L'intérêt de transformer le CO_2 en roche est qu'il est extrêmement stable sous sa forme solide,* explique le géologue. *Il n'y a aucun risque de le retrouver dans l'atmosphère. »*

Créer de la roche en laboratoire, c'est le défi un peu fou que s'est lancé, dans le cadre du projet Carmex, un consortium de recherche français.

fig. Pour « nettoyer » l'atmosphère de son excès de CO_2, l'enfouissement n'est plus la seule piste envisagée. Des chercheurs planchent aujourd'hui sur sa valorisation. ©Spectral-Design/FOTOLIA.COM

«Dans la nature, les roches sont lixiviées (ou lessivées) par l'eau de pluie et laissent s'échapper du calcium (Ca), du fer (Fe) et du magnésium (Mg), autant de minéraux qui finissent dans les océans et les eaux souterraines, explique Florent Bourgeois, du Laboratoire de génie chimique [3] à Toulouse. *Là, ils précipitent avec le CO_2 dissous dans l'eau, sous sa forme d'ion CO_3^{2-}, pour donner du carbonate de calcium ou calcite ($CaCO_3$), du carbonate de fer ou sidérite ($FeCO_3$), ou encore de la magnésite ($MgCO_3$), sous la forme de minuscules résidus solides.»*

Les chercheurs entendent reproduire, et surtout accélérer, ces processus géologiques naturels en chauffant le mélange. *«Avec notre technique, on réussit à produire des "cailloux" d'une dizaine de microns,* précise Florent Bourgeois. *Mais pour cela, il faut porter la solution à 180 °C et appliquer une pression de quelques bars, des niveaux qui demandent trop d'apport énergétique et que nous nous employons à réduire.»* Le stockage du CO_2 sous forme solide n'est pas la seule finalité: *«Les carbonates entrent notamment dans la composition du ciment. Ceux que nous fabriquons artificiellement pourraient servir comme matériaux»,* suggère le chercheur, qui rêve d'impliquer les professionnels de la construction dans son projet.

Reste à régler le seul vrai problème sur lequel les scientifiques n'ont pas la main: le prix du carbone. Aujourd'hui, il ne coûte pas plus de 8 à 10 euros la tonne, soit peu ou prou le prix de son extraction dans le sous-sol. *«Pour que la capture et la valorisation du CO_2 deviennent intéressantes pour les industriels, il faudrait que le carbone avoisine les 80 euros par tonne»,* indique François Guyot. Nous devrons donc attendre quelques années avant de rouler au CO_2 atmosphérique ou d'habiter dans des tours construites grâce à lui. ◂●

[3] Unité CNRS/Institut national polytechnique de Toulouse/Université Paul Sabatier

« La mondialisation est née à la Renaissance » *Serge Gruzinski*

Rencontre avec Serge Gruzinski, directeur de recherche émérite au CNRS [1] et lauréat du Grand Prix international de l'histoire en 2015. Spécialiste du monde préhispanique et de l'Amérique latine à l'époque de la Conquista, il a exploré les mécanismes de la colonisation, du métissage et de la mondialisation, des phénomènes à la fois anciens et contemporains.

entretien réalisé par Clea Chakraverty
lieu près du musée du Quai Branly, à Paris
mots-clés Conquista, colonisation, métissage, Mexique

Ce mercredi après-midi, nous retrouvons Serge Gruzinski dans un café tout près du Quai Branly, où il vient de donner son séminaire hebdomadaire sur « L'écriture d'une autre histoire : historicisme européen, mémoires indigènes et colonisation du Nouveau Monde ». Nous voilà tout de suite plongés au cœur du sujet ! Historien, le chercheur a en effet consacré ses travaux au monde préhispanique puis à l'Amérique latine à l'époque de la Conquista, notamment à travers son expérience du Mexique, où il a vécu pendant dix ans. Sa perspective d'historien des Amériques l'a conduit à privilégier les XVIe–XVIIIe siècles, débuts de l'ère moderne, et à analyser les répercussions de l'expansion européenne, principalement ibérique, sur les sociétés amérindiennes, comme il l'écrit en introduction du catalogue de *Planète Métisse*, l'exposition du Quai Branly dont il a été le commissaire en 2008. Mais son travail l'a également conduit à s'interroger sur les interactions avec des pays plus lointains comme la Chine ou l'Afrique dans la perspective de l'histoire globale. Ses recherches portent aujourd'hui sur la façon dont l'histoire se pense et s'enseigne.

Dans son dernier ouvrage paru chez Fayard en 2015, *L'Histoire pourquoi faire ?*, il envisage le devenir de la discipline dans une perspective globale intégrant tous les passés qui la composent. Serge Gruzinski est archiviste-paléographe, directeur de recherche au CNRS et à l'École des hautes études en sciences sociales (EHESS) à Paris, professeur invité à l'université de Princeton (États-Unis) et de Belém (Brésil).

(...) Le processus des métissages n'est pas univoque : d'un côté comme de l'autre, on adapte, on invente.

Étudiant à l'École nationale des chartes, vous avez d'abord mené une thèse sur le monde rural aux Pays-Bas de 1480 à 1630. Ensuite, vous avez fait porter vos recherches sur le Nouveau Monde... Pourquoi cette évolution ?

Serge Gruzinski : Mon travail initial m'a amené à réfléchir sur les relations entre culture populaire et culture savante au cours de cette période. En approfondissant, j'ai réalisé qu'il serait peut-être plus facile d'étudier ces relations dans le cadre colonial latino-américain, plus aisé d'isoler les sociétés conquérantes des sociétés vaincues, d'autant qu'il existait au Mexique une riche tradition historiographique, ethnographique et archéologique dont je pouvais faire mon profit. Mais, avant de m'établir au Mexique pour une dizaine d'années, j'ai fait deux étapes en Europe, en Italie et en Espagne. Entre 1973 et 1975, deux années à l'École française de Rome m'ont offert un grand confort pour mes recherches et une première immersion dans un pays qui n'était pas le mien. Ce fut un séjour formateur, tout comme mon premier contact avec l'Espagne en 1975, si l'on estime qu'un chercheur doit pouvoir prendre le temps de se familiariser avec les contrées dont il entreprend d'analyser le passé. Ce contact avec les êtres, les paysages et les choses me semble rétrospectivement aussi important que le travail d'archives et de bibliothèque.

Comment s'est passée votre arrivée au Mexique dans les années 1970 ?

S. Gruzinski : Au début, c'est le choc, physique tout d'abord, car les distances sont énormes et il n'y a pas encore de charter qui vous dépose à Cancún. Je m'attendais à voir des pyramides, des Indiens, de beaux paysages et des plages infinies... Mais à Mexico, j'ai aussi découvert l'Amérique, si proche à travers les supermarchés de la périphérie, et l'influence omniprésente de la télévision sous la forme du groupe Televisa, puissance médiatique, politique et culturelle avec ses *telenovelas* qui façonnent les comportements des spectateurs et leur enseignent comment devenir modernes.

[1] Laboratoire Mondes américains (CNRS/EHESS/Université Paris Ouest/Université Panthéon Sorbonne)

À l'époque, ce «cinquième pouvoir» représentait déjà un instrument politique et «civilisateur» d'une efficacité bien plus redoutable que la télévision française des années 1970 ! C'est sans doute cette expérience du quotidien qui m'a protégé de l'exotisme dont nous entourons habituellement le Mexique et m'a forcé à prendre mes distances par rapport à l'eurocentrisme que nous exportons partout avec nous.

Je me suis aussi vite rendu compte de la profondeur historique qu'offrait le passé mexicain: il était comparable dans sa diversité et sa complexité aux passés européens. J'étais déjà apprenti historien, mais j'ai réalisé que je ne connaissais pas grand-chose à l'histoire de cette partie du monde. Je parlais à peine l'espagnol. C'est au Mexique que j'ai découvert les écrits des anthropologues, des historiens locaux et nord-américains ainsi que la littérature hispano-américaine. J'ai aussi eu le privilège de faire la connaissance d'Octavio Paz. En France, l'histoire s'enseignait dans un cadre presque exclusivement français. J'ai donc dû me familiariser avec d'autres manières de penser et d'étudier, en même temps que je m'initiais au fonctionnement d'une société et d'une immense cité, Mexico, qui n'avaient absolument rien de commun avec le continent européen.

Pourriez-vous revenir sur le concept de métissage, qui est transversal à l'ensemble de vos recherches ?

S. Gruzinski: Les métissages contemporains, au sens où des individus et des groupes originaires d'Europe, d'Asie, d'Afrique et d'Amérique sont contraints d'apprendre à vivre ensemble, ont véritablement débuté au XVIe siècle dans le Nouveau Monde. À l'époque, le processus est directement lié à l'expansion coloniale des Ibériques et à la vague d'occidentalisation qui a submergé les terres américaines. Le terme même de métissage vient des langues latines et n'existe ni en anglais ni en allemand. Je me méfie des définitions à valeur universaliste, mais j'avancerai qu'il faut comprendre le métissage moins comme un phénomène biologique, religieux ou culturel, que comme un processus qui pénètre

fig. Serge Gruzinski est également le directeur honoraire de l'Institut pour l'histoire globale et transnationale de l'université du Shandong, à Jinan (Chine).
©S.Gruzinski

fig. haut Le *Codex Borbonicus* est un objet métis conçu pour être déchiffré par des Indiens et des Européens. On notera l'irruption de l'écriture alphabétique et de l'espagnol dans ce document typique des sociétés indiennes préhispaniques.

fig. bas Les *Cuadros de Castas* mettent en scène les manifestations de métissage biologique et culturel dans la société coloniale du XVIIIe siècle au Mexique. Ils sont destinés à être exportés en Espagne pour y exhiber la diversité de l'Amérique tropicale.

toutes les dimensions de la vie en société et qui est toujours politique car constamment lié à des rapports de pouvoir.

Comment travaille-t-on sur le métissage, notamment dans le Nouveau Monde ?

S. Gruzinski : Penser le métissage est une tâche complexe. Pour y parvenir, il faut rompre avec les catégorisations habituelles et comprendre que les identités des populations qui vont se métisser ne sont pas des constructions monolithiques. Les colons « espagnols » étaient issus de régions et de catégories sociales diverses, tout autant que les Indiens. Il ne faut pas non plus oublier la présence des Noirs, introduits de force depuis l'Afrique pour pallier le manque de main-d'œuvre après la décimation des populations indigènes. Avec la Conquista, les unions avec des femmes indiennes, les viols et les concubinages multiples donnent naissance à des générations entières de « sangs-mêlés » qui n'ont de place ni dans la société espagnole ni dans le monde indigène. Plusieurs phénomènes sont à l'œuvre dans ce processus. La perte de repères en est un, sous la forme de la désintégration de la société indienne, de ses modes de vie et de son organisation politique mais également du déracinement des esclaves noirs venus d'Afrique. S'y ajoute la crise de sens qu'accentue l'évangélisation qui interdit les croyances indigènes et bouleverse les pratiques familiales. Mais, en même temps, de nouveaux modes de vie, de nouvelles façons de penser et de croire, également de travailler, voient alors le jour. Le processus des métissages n'est pas univoque : d'un côté comme de l'autre, on adapte, on invente, souvent à tâtons, des modes de vie qui combinent les croyances et les usages des uns et des autres.

Comment les mélanges s'opèrent-ils ?

S. Gruzinski : C'est l'un des grands questionnements de mon travail d'historien. Un mélange suppose la rencontre d'éléments que tout sépare, comme l'« idolâtrie » indigène et le christianisme. Or, je me suis rendu compte qu'un troisième élément intervenait souvent : un « attracteur », servant de dénominateur commun et d'élément coagulateur. L'exemple des créations artistiques indiennes dans le Mexique colonial en donne une illustration. Certaines productions qu'on présente comme « indiennes » portent en réalité des marques très fortes d'emprunts à l'Antiquité gréco-romaine ! J'ai ainsi observé, que, durant la Renaissance, des exemplaires des *Métamorphoses* d'Ovide avaient voyagé jusque dans le Nouveau Monde. Les artistes indiens s'en sont approprié certaines figures, telles que les centaures, et les ont intégrées à leurs propres créations. C'était un moyen pour eux d'insérer subtilement dans leurs œuvres des rappels à leurs propres mythes préhispaniques, sans entrer en confrontation directe avec la religion et l'art espagnols, qui étaient devenus la référence dominante. À la Renaissance, on retrouve ainsi en Nouvelle-Espagne une iconographie riche, chargée de références à la culture indienne, espagnole et antique : ce sont des productions métisses, l'origine des grandes cultures latino-américaines.

Est-il possible d'échapper aux métissages ou bien de les rejeter ?

S. Gruzinski : Quand, au début du XVIe siècle, au Mexique, des chamans indiens essaient de lutter contre les évangélisateurs, ils doivent prendre position par rapport à de nouvelles formes de croyance et de religiosité adaptées au Mexique, le christianisme, et se retrouvent paradoxalement constamment dans l'obligation de se définir par rapport au message et aux projets de leurs envahisseurs. Pour autant, tout ne se métisse pas. Dans *Les Quatre Parties du monde* [2], j'ai introduit une distinction entre les effets d'une occidentalisation précoce, dès le XVIe siècle, qui a suscité toutes sortes d'acculturations et de mélanges, et une globalisation imposée exportant des codes, des pratiques, des idées qui, à aucun moment, ne devaient être contaminés par les cultures locales. Comme s'il existait une « sphère de cristal », un

[2] *Les Quatre Parties du monde. Histoire d'une mondialisation,* La Martinière, 2004
[3] À paraître aux éditions Fayard

espace lié aux cercles étroits de l'administration et des élites coloniales qui ne se métisse pratiquement jamais et résiste à toutes les «contaminations» extérieures. Un exemple en est l'introduction de l'aristotélisme chez les élites indigènes ou bien leur utilisation de la langue savante du colonisateur. Au XVIe siècle, des nobles amérindiens apprennent le latin dans des collèges fondés par les autorités coloniales, ils se forment à la scolastique, aux règles du droit européen et à la pensée aristotélicienne, et ils assimilent les codes du dominant. Ce patrimoine exporté en Amérique n'est pas censé se mélanger avec d'autres formes de parler et de penser. De même, bien plus tard, quand l'Inde a été colonisée par l'Angleterre, à partir de la fin du XVIIIe siècle, les élites locales adopteront l'anglais britannique comme langue de l'intelligentsia. Une forme plus contemporaine de cette manière d'imposer partout un code exclusivement occidental se retrouve aujourd'hui dans nos outils d'expression et de communication: les logiciels que nous utilisons, les applications comme Facebook ou Google influencent partout de la même façon notre manière de travailler, de chercher et de penser.

Votre approche d'historien a été marquée par ce séjour au Mexique, en raison notamment de la nature des sources que vous y avez étudiées...

S. Gruzinski: En effet. Les sociétés mésoaméricaines s'exprimaient à travers ce que les Espagnols appelaient des «peintures» et que nous nommons «codex» [définition ci-contre], soit un système complexe articulant un ensemble d'images et de signes graphiques ou glyphes. Aux antipodes de ces systèmes fondés sur un rapport au réel, qu'on pourrait qualifier de «métonymique», le nôtre, de type symbolique, fait correspondre un sens à des mots tracés sur le papier et oppose radicalement le signifiant au signifié. La difficulté quand on aborde ces documents ne réside pas seulement dans la traduction d'un monde à l'autre, elle procède de la rencontre de deux manières différentes d'appréhender le réel. Or notre mode de pensée européen a beaucoup de mal à saisir cette autre sémiotique d'origine amérindienne: l'écriture alphabétique impose en effet un filtre occidental dont on apprécie toute l'ampleur et les contraintes quand on le confronte aux modes d'expressions non alphabétiques. En plus des codex, j'ai travaillé sur les images, notamment les productions artistiques indienne et métisse des XVIe et XVIIe siècles. Mais ce goût pour l'image ne concerne pas que mes recherches sur les sociétés du Nouveau Monde. Il s'applique aussi à nos sociétés contemporaines. C'est pourquoi je m'intéresse également de près à l'art contemporain et aux modes de communication audiovisuels, incontournables dans nos sociétés actuelles.

En quoi cette étude du Nouveau Monde vous a-t-elle permis d'aborder les phénomènes de mondialisation et d'occidentalisation?

S. Gruzinski: La mondialisation et l'occidentalisation sont nées à la Renaissance, pendant la période dite des grandes découvertes; ce ne sont donc pas des phénomènes nouveaux. En tant qu'historien, j'essaie de l'expliquer à mes étudiants et à mes lecteurs. Une approche historique et critique face à la globalisation, comme face aux réactions identitaires et nationalistes, s'impose et pas seulement de la bouche des historiens du contemporain. On observe aujourd'hui l'aboutissement d'une occidentalisation du monde qui a imposé au reste de la planète des manières de penser, de croire ou de ne pas croire, d'écrire, de compter le temps longtemps portées par la suprématie économique et coloniale de l'Europe occidentale. Il n'est pas étonnant que cette uniformisation du monde sur un mode occidental déchaîne des réactions singulièrement violentes dans certaines régions du globe qui se sentent exclues et colonisées.

La façon de penser l'histoire elle-même ne pâtit-elle pas de cette uniformisation?

S. Gruzinski: Dans *La Machine à remonter le temps,* mon prochain ouvrage (à paraître aux

fig. droit Le *Codex Azcatitlan* dépeint l'arrivée des Européens sur le sol américain. Il associe des conventions préhispaniques à des motifs européens tirés des gravures européennes envoyées dans le Nouveau Monde: chevaliers en armure, oriflammes...

Qu'est-ce qu'un codex ?

Définition

fig. Ces doubles pages du *Codex Azcatitlan* montrent l'arrivée des Européens sur le sol américain.

Ces « livres peints » produits dans les sociétés mésoaméricaines représentent des objets, des personnages et des formes dessinés selon des conventions précises. Ils permettent de reconnaître sans équivoque des souverains aussi bien que des concepts : un temple en feu figure par exemple la conquête. Au moment de la Conquista, ce système apparenté à la fois à l'écriture et à la peinture a attiré l'attention des religieux espagnols intrigués par cette autre forme d'écriture – et ce d'autant plus que cet ensemble de signes ne correspond pas à des récits suivis, comme dans la tradition européenne.

fig. haut Un danseur indien pendant les célébrations à la basilique de la Vierge de Guadalupe (Mexico)
© K. Dannemiller/Réa

fig. bas Culte à la vierge de Guadalupe (Mexico). Des milliers de pélerins arrivent de tout le Mexique pour les cérémonies.
© El Universal/Zuma/Réa

éditions Fayard, NDLR), je tente de comprendre comment notre façon européenne puis occidentale de construire le passé s'est globalisée – au sens que je donne à ce terme – au point de s'imposer au reste du monde. Nos idées sur le temps, les «aires géographiques», la périodisation, sur ce qui fait un événement ou non se sont généralisées dans les autres parties du monde. C'est ainsi que l'histoire à l'européenne a d'abord été exportée vers le Nouveau Monde, qu'on s'est mis à écrire l'histoire des Indiens dès les années 1530, que le processus s'est répété ensuite sous d'autres formes dans l'Inde britannique de la fin du XVIIIe siècle, dans le Japon de l'ère Meiji puis dans la Chine prérévolutionnaire et sur le continent africain. La conception occidentale de l'histoire est devenue ainsi une pratique universelle marginalisant toutes les autres traditions, historiographiques ou non, qui n'étaient pas européennes. Encore une fois, je pense aux rapports avec le passé qu'entretenaient les sociétés amérindiennes, islamiques ou asiatiques... Il ne s'agit pas d'abandonner l'histoire à l'européenne, mais bien d'avoir conscience des limites de notre approche, qui n'a rien d'universel ni de totalement rationnel. C'est également une manière de mieux cerner ce qui reste une donnée fondamentale de notre patrimoine européen et peut-être d'atténuer notre eurocentrisme.

Vous esquissez justement des propositions afin que l'histoire enseignée ne soit plus tributaire de ces limitations...

S. Gruzinski: Je ne prétends pas avoir toutes les réponses, mais je suis convaincu que dans un monde global qui a aboli l'espace, l'histoire dans les collèges et les universités doit elle aussi devenir globale, à moins d'être reléguée à son tour dans le placard aux antiquités comme le latin et le grec. En France, l'apprentissage de cette discipline s'est toujours fait à partir de problématiques nationales, et l'histoire comparée qui confronte des périodes et des aires culturelles autour d'un même thème n'y échappe pas toujours. En revanche, en rétablissant entre les pays, les régions, les continents, des liens que l'histoire nationale a négligés ou coupés, on s'approche d'une histoire connectée, on reconstitue de vastes ensembles bien plus signifiants. Par ce biais, on se rapproche d'une histoire globale, qui s'attache systématiquement à explorer les processus de mondialisation et les résistances que ces processus ont pu susciter au cours de l'ère moderne.

Faire émerger les processus de mondialisation, raconter l'histoire au-delà de nos frontières, suppose une masse énorme d'informations à transmettre. Est-ce réaliste ?

S. Gruzinski: L'histoire n'est pas la mémorisation d'une série de pages Wikipédia. L'exploration du passé a pour but d'enseigner une distance critique avec le présent, de susciter la réflexion. Il s'agit avant tout de faire émerger à partir d'histoires reliées ensemble un récit dans lequel l'élève se sent impliqué. D'où la nécessité impérative de partir d'une base locale qui peut varier selon les régions et selon les publics scolaires. Les nouvelles technologies peuvent parfaitement appuyer cette démarche. Tout dépend en fait de l'implication des enseignants, déjà fort sollicités, de l'intérêt des inspections d'académie et plus encore de la bonne volonté des chercheurs, qui regardent plus volontiers vers les universités ou le CNRS que vers les collèges et lycées dont ils se sont souvent échappés.

Vous avez récemment reçu le Grand Prix international de l'histoire, décerné par le Comité international des sciences historiques, le premier du genre pour la discipline, équivalent du Nobel. Que représente ce prix pour un historien et pour les sciences sociales à notre époque ?

S. Gruzinski: Pour moi, c'est d'abord une reconnaissance de la part de ceux qui ont porté ma candidature au sein de leurs comités nationaux: le Brésil et le Mexique. Je suis fier d'avoir été choisi par des pays auxquels je dois tant, j'ai le sentiment de ne pas avoir fait un travail tout à fait inutile à la communauté et de m'être efforcé de contribuer à la réflexion sur ces pays et dans ces pays.

Si vous pouviez être l'un des personnages du XVIe siècle que vous affectionnez, lequel choisiriez-vous ?

S. Gruzinski : J'élirais une figure qui m'intrigue et me pousse à réfléchir. Je crois que ce serait Motolinía (Toribio de Benavente, 1482–1568, NDLR). Ce Franciscain s'est lancé dans une entreprise sans précédent : écrire l'histoire des Indiens, alors que personne en Occident n'avait jusque-là relevé ce défi. Pendant des années, il a exploré et tenté de comprendre leur rapport au passé, leurs manières de le penser et de l'exprimer, pour les retranscrire en espagnol, selon des principes et des cadres européens. Pour ce faire, il a écouté et même partagé la vie d'indigènes lettrés. Cette familiarité avec eux m'interpelle et m'attire, et elle soulève la question du rapport que nous autres, Européens, pouvons nouer avec des sociétés lointaines, avec des intellectuels non européens. C'est aussi une manière de me poser la question de l'eurocentrisme, celle de l'origine des sciences sociales dans des situations de colonisation et de domination, toutes choses qu'un chercheur digne de ce nom a intérêt à toujours garder à l'esprit. ⌘

Alexia Auffèves et Philippe Grangier, les penseurs du quantique

Bien que ses étranges prédictions aient toujours été vérifiées, la mécanique quantique, ou plutôt son interprétation, continue de troubler physiciens et philosophes. Les chercheurs Alexia Auffèves et Philippe Grangier proposent de nouvelles réponses sur la nature de la réalité physique dans le cadre de la théorie quantique.

entretien réalisé par Sylvain Guilbaud
les chercheurs Alexia Auffèves de l'Institut Néel du CNRS et Philippe Grangier du laboratoire Charles Fabry (CNRS/Institut d'optique Graduate School/Université Paris Sud)
mots-clés particules, chat, probabilités, mesures, interprétations

Dans un article publié dans la revue *Foundations of Physics* [1], vous présentez ce que vous appelez une « nouvelle ontologie » de la mécanique quantique. Que voulez-vous dire par là ?

Alexia Auffèves: Faire de l'ontologie consiste à s'intéresser à ce qui existe dans le monde, à la nature de la réalité, contrairement à l'épistémologie, qui, elle, étudie ce qu'on peut connaître du monde. Mon amie philosophe Nayla Farouki me dit souvent que toute théorie physique devrait commencer par poser une ontologie, c'est-à-dire par énoncer des principes clairs sur la nature de la réalité physique, avant de poser le formalisme mathématique. C'est cet ordre des étapes, ontologie puis formalisme, que nous souhaitons rétablir aujourd'hui, car, historiquement, la mécanique quantique n'a pas été construite ainsi.

Philippe Grangier: Ce qui est curieux, c'est que la mécanique quantique est une science extraordinairement précise, dont les prédictions ont toujours été vérifiées jusqu'à aujourd'hui. Pourtant, son interprétation reste soumise à débat: différentes visions du monde s'opposent à son sujet. Un très grand nombre de physiciens et de philosophes ont même dit que la mécanique quantique signifiait la mort du réalisme physique, d'une réalité extérieure à l'observateur, sur laquelle on peut acquérir des certitudes. Notre approche veut, elle, replacer la mécanique quantique dans le cadre de ce réalisme physique.

DE L'IMPORTANCE DU CONTEXTE EN PHYSIQUE QUANTIQUE

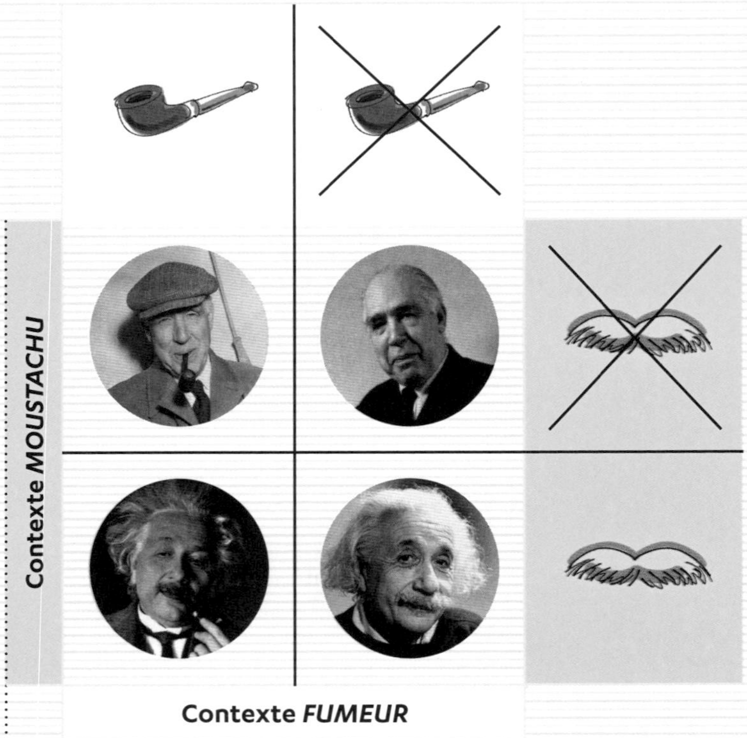

explication

En physique classique, on peut combiner deux propriétés, comme fumer la pipe ou pas, et être moustachu ou pas, pour obtenir quatre situations possibles. En physique quantique, pour la polarisation d'un photon par exemple, on doit choisir un contexte, dans lequel on ne peut avoir que deux réponses possibles, relatives soit à une propriété, soit à l'autre. Cette quantification binaire (une réponse parmi deux) interdit ainsi de savoir si un fumeur de pipe est moustachu ou pas : si on rencontre un moustachu, puis qu'on apprend qu'il fume la pipe, il se peut qu'en le regardant à nouveau on constate qu'il n'a plus de moustache ! La « modalité » (l'état quantique) appartient à la fois au système quantique, qui répond par oui ou non, et au contexte classique qui définit la question, c'est-à-dire la propriété physique qui est mesurée.

Comment en êtes-vous venus à vous pencher sur ces interrogations fondamentales, à la frontière entre physique et philosophie ?

P. Grangier: Les questions qui touchent à l'interprétation de la mécanique quantique m'intéressent depuis longtemps. Et c'est pourquoi j'ai fait ma thèse de troisième cycle sur le test des inégalités de Bell (au début des années 1980, avec Alain Aspect à l'Institut d'optique), c'est-à-dire sur les corrélations quantiques que peuvent exhiber deux particules, même quand elles sont séparées par de grandes distances, ce qu'on appelle l'intrication. Cette thèse était assez exotique à l'époque, mais le sujet a été depuis très largement reconnu. Puis, j'ai poursuivi mes travaux en optique quantique, le domaine qui étudie les propriétés quantiques de la lumière, en soutenant une thèse d'État en 1986. Se pencher sur le message que cette science nous donne au sujet de la réalité, quand on la pratique tous les jours, paraît au fond assez naturel.

A. Auffèves: J'ai également fait une thèse sur les fondements de la physique quantique (soutenue en 2004, dans le laboratoire de Serge Haroche, NDLR), en étudiant les propriétés d'un très petit nombre de photons dans des cavités micro-ondes. Mais ce questionnement datait de bien avant. J'ai longtemps hésité entre philosophie et physique et j'ai d'ailleurs passé un diplôme de philosophie à l'École normale supérieure de Lyon. J'avais vraiment envie et besoin de comprendre ce qui fondait ma pratique de physicienne. Cette longue histoire débouche aujourd'hui sur une interface intéressante entre physique et philosophie.

Comment votre collaboration sur ce sujet est-elle née ?

P. Grangier: En parallèle des travaux de recherche, j'ai commencé à écrire des articles sur le sujet il y a quinze ans. Je les postais essentiellement sur le site ArXiv et, pour être honnête, ils n'ont pas eu beaucoup d'écho. Je le faisais un peu comme une occupation du dimanche. Puis c'est resté en plan pendant plusieurs années, jusqu'à ce que je croise Alexia à une conférence de physique, en Uruguay, il y a quatre ans. Nous nous sommes mis à discuter, et nous n'avons pas arrêté depuis !

A. Auffèves: De mon côté, j'avais déjà rencontré Nayla Farouki, une philosophe qui travaille au CEA de Grenoble. Je l'ai initiée aux notions spécifiques de la physique quantique. Je l'ai donc présentée à Philippe et notre collaboration à trois est devenue vraiment productive. Elle nous a aidés à poser, puis à mettre en forme des concepts que nous n'aurions pas osé aborder en tant que physiciens.

Qu'est-ce que la mécanique quantique a de si spécial pour que les physiciens aient encore besoin de s'interroger sur ses fondements près d'un siècle après sa naissance ?

P. Grangier: La mécanique quantique propose une description du monde très différente de celle de la physique dite classique. Le propre de la physique classique est d'isoler, au moins par la pensée, l'objet qu'on veut étudier, par exemple la Terre, une bille ou une particule, puis de mesurer ses propriétés. Pour cela, on pose des questions à l'objet sur sa masse, sa vitesse, son énergie..., autant de questions que l'on souhaite. Bien sûr, il faut des appareils pour mesurer ces grandeurs. Mais, une fois leur valeur connue, on peut faire abstraction de l'appareil de mesure et considérer que ces grandeurs appartiennent en propre à l'objet. Elles constituent en quelque sorte sa carte d'identité, ce qu'on appelle en physique « l'état » du système. En mécanique quantique, il est notoire que cette vision des choses ne marche plus. Tous les physiciens sont d'accord là-dessus. Mais en quel sens peut-on dire que cela ne marche plus ? C'est là que les avis divergent.

A. Auffèves: Le côté « bizarre » de la mécanique quantique vient du fait que les résultats de mesure peuvent être aléatoires, même si le système se trouve dans un état bien défini. Par exemple, un

[1] *« Contexts, systems and modalities: a new ontology for quantum mechanics »,* Alexia Auffèves et Philippe Grangier, *Foundations of Physics,* publié en ligne le 21 septembre 2015 DOI 10.1007/s10701-015-9952-z

photon polarisé à 45° a une probabilité de 50 % de traverser un polariseur orienté verticalement [encadré ci-contre]. L'autre grande différence avec la physique classique est que l'ordre dans lequel est effectuée la mesure est déterminant en mécanique quantique. En physique classique, si je mesure la masse d'une table, puis sa couleur, j'obtiens les mêmes résultats que si j'observe d'abord sa couleur, puis sa masse. Ce n'est pas toujours vrai en physique quantique. Nos intuitions et nos habitudes sont mises à mal car, dans la vie de tous les jours, nos certitudes viennent du fait que nous obtenons toujours la même réponse à la même question. On explique cette répétabilité par une cause permanente qui est l'existence d'un état, appartenant au système tout seul, et cela même si personne ne le regarde. Par exemple, la table est noire. En physique quantique, le système est toujours interfacé à un contexte expérimental dont on ne peut pas faire abstraction : il ne se livre jamais tout seul. Comment accéder alors à son état ?

Sur ce point, on entend souvent dire que c'est l'appareil de mesure qui perturbe le système…

A. Auffèves: Oui. Quand j'ai commencé à apprendre la mécanique quantique, on m'a beaucoup parlé de l'expérience de pensée du microscope de Heisenberg. Lorsque j'observe un petit système, je dois l'éclairer avec de la lumière, autrement dit le bombarder de photons. Si je connais sa position, je ne peux plus connaître sa vitesse car elle a été perturbée par les chocs avec les photons. Je n'arrive donc jamais à « attraper » l'état complet du système et c'est pour cela que la mécanique quantique est probabiliste. Mais je trouve cette explication frustrante, car elle fait de l'aléatoire une sorte de barrière qui apparaît sans que l'on sache pourquoi [2] et, surtout, elle nous contraint à travailler avec des concepts (l'état du système) qui ne sont pas accessibles de façon simple.

Dès les débuts de la mécanique quantique, ce sujet a fait débat, notamment avec la controverse entre Albert Einstein et Niels Bohr dans les années 1930. Ce sont toujours ces différents points de vue qui s'opposent aujourd'hui ?

P. Grangier: En effet, ces questions ont été posées et reposées depuis les débuts de la mécanique quantique. En gros, il y a une ligne de démarcation entre réalistes et antiréalistes. Pour les premiers, comme Einstein, l'état physique total du système existe. Il est « caché » en pratique derrière le contexte et les instruments de mesure. Einstein pensait du coup que la physique quantique était incomplète et que les probabilités étaient uniquement dues à notre ignorance de l'état réel. À l'opposé, les antiréalistes pensent que l'état du système n'est pas accessible pour des raisons irréductibles. C'est un peu le sens de la formule de Niels Bohr selon laquelle *« il n'y a pas de monde quantique, mais seulement ce qu'on peut dire du monde quantique »*. Niels Bohr est une figure centrale, puisque il a mis en place ce qui sert de base à l'interprétation traditionnelle de la mécanique quantique ; sa position est en fait plus nuancée que dans l'affirmation ci-dessus, et elle a évolué avec le temps. De plus, la position d'Einstein n'est plus défendable en l'état aujourd'hui car les tests des inégalités de Bell, encore confirmés en 2015 par des expériences très convaincantes, prouvent qu'il n'y a pas de variables « cachées » qui puissent compléter la mécanique quantique au sens où il l'entendait.

Il existe encore aujourd'hui plusieurs points de vue qui s'opposent pour comprendre le message de la physique quantique. Selon l'interprétation traditionnelle, dite « de Copenhague », l'état du système quantique est décrit par un objet mathématique, une fonction d'onde ou plutôt un vecteur d'état, qui permet de calculer les probabilités des différents résultats que peut donner une mesure. Une fois un résultat obtenu, il se produit une mystérieuse « réduction du paquet d'onde » qui change l'état du système. D'autres interprétations poussent à l'extrême l'idée que cette onde serait réelle. Selon l'interprétation des « mondes multiples », introduite par Hugh Everett, par exemple, tous les résultats

[2] En physique classique, le fait de prendre une mesure peut aussi perturber les résultats, mais on peut corriger cette perturbation ; ce n'est plus le cas en physique quantique.

possibles d'une mesure se produisent effectivement, chacun dans un univers différent. Autre exemple, le physicien David Bohm pensait que cette onde serait une onde « pilote » dans laquelle se trouvent les particules dont les états sont réels. Cette onde pilote serait capable de se transformer instantanément dès qu'on change les paramètres de l'expérience. Personnellement, je trouve ces deux visions dures à avaler. Les univers multiples ou l'onde pilote ressemblent à des « monstres ontologiques », créés uniquement pour donner un contenu à une certaine réalité. Nous ne pouvons pas démontrer que ces monstres existent ou pas, car d'un point de vue technique et pratique, les résultats prédits sont les mêmes que ceux de l'interprétation traditionnelle, qui, elle, se réfugie derrière l'efficacité des mathématiques. Disons-le tout de suite : notre interprétation non plus ne se prouve pas mathématiquement. Les résultats que nous en tirons sont identiques à ceux de la mécanique quantique traditionnelle. Du moins pour le moment.

A. Auffèves : Une des premières choses que Nayla Farouki nous a dites est qu'une ontologie se pose et ne se démontre pas. C'est ce que fait Isaac Newton au début de ses traités. Or cela manque dans les ouvrages actuels avec lesquels on enseigne la mécanique quantique, qui commencent souvent par quelque chose comme : « L'état d'un système quantique est un ket dans un espace de Hilbert », c'est-à-dire une définition purement mathématique. C'est un peu court comme ontologie, mais très efficace en pratique ; pour plaisanter, les physiciens parlent à ce propos de l'approche : « tais-toi et calcule ! »

Justement, quels sont les principes de base de votre nouvelle interprétation ?

P. Grangier : D'abord, nous avons une sorte de « postulat zéro » qui est le réalisme : la physique décrit un univers qui existe indépendamment de l'observateur et qui obéit à des règles intelligibles et universelles. La science est une œuvre humaine, mais ce n'est pas l'observateur qui crée la réalité.

A. Auffèves : Ce qui constitue la réalité, ce sont des grandeurs physiques que l'on peut prédire de façon certaine, c'est-à-dire mesurer de manière sûre et répétable en retrouvant le même résultat quand on refait l'expérience. En physique classique, cela va de soi, car les propriétés que l'on mesure sont attribuées directement au système, le système étant simplement l'objet qu'on étudie :

Questions de polarisation

Encadré

Avec la fréquence d'oscillation (qui détermine la couleur) et la direction de propagation, l'angle de polarisation est la troisième propriété intrinsèque d'une onde électromagnétique comme la lumière. La lumière naturelle est souvent « non polarisée », ce qui veut dire que tous les angles de polarisation (et toutes les couleurs) sont également présents. Toutefois, quand elle interagit avec de la matière – en passant par exemple à travers un polariseur –, certaines directions de polarisation sont privilégiées. La lumière et les photons qui la composent deviennent alors « polarisés ». Quand deux photons sont intriqués, l'angle de polarisation de l'un est fortement corrélé avec celui de l'autre, quelle que soit la distance entre les deux photons.

une particule, un ensemble de particules, etc. En physique quantique, le point fondamental que nous soulignons c'est qu'on ne peut pas oublier le contexte de la mesure, c'est-à-dire l'appareillage extérieur à l'observateur qui permet d'obtenir ces propriétés. Par exemple, quelle orientation du polariseur utiliser, ou bien quelle direction de champ magnétique appliquer, ou de quel détecteur se servir. En physique quantique, il y a bien aussi des résultats certains et répétables, mais à condition de considérer à la fois le système et son contexte. Prenons un photon comme système et un polariseur vertical comme contexte. Pour nous, le photon tout seul n'a pas de polarisation [encadré page 177]. Mais l'ensemble photon et polariseur a une polarisation. Si je vous donne mon photon et que vous le faites passer par un polariseur vertical, vous trouverez le même résultat que moi. Cet état quantique, que nous appelons « modalité », appartient à la fois au système et au contexte. C'est notre premier postulat.

On peut donc accéder à la réalité, qui appartient à la fois au système et au contexte, avec certitude. Mais pourquoi les probabilités interviennent-elles en mécanique quantique ?

P. Grangier: Justement parce qu'elle est quantique, c'est-à-dire « quantifiée »: le nombre de modalités d'un ensemble « système et contexte donnés » est fini. C'est notre second postulat. Dans l'exemple du photon et du polariseur vertical, il n'y a que deux modalités possibles : soit le photon est transmis, soit le photon est réfléchi par le polariseur vertical. Une fois que je connais cette modalité, par exemple le photon est transmis, celle-ci est certaine : l'ensemble « photon et polariseur » est polarisé verticalement, et j'obtiens le même résultat quand je répète la mesure. Mais la carte d'identité que je peux dresser est limitée. Je ne peux pas demander des détails au photon. Si je veux la réponse à d'autres questions, il faut que je change de contexte, par exemple en tournant l'orientation du polariseur à 45°. J'ai alors accès à deux autres modalités, soit le photon est transmis, soit le photon est réfléchi par le polariseur à 45°, mais ces modalités ne s'ajoutent pas aux deux modalités précédentes, sinon cela contredirait notre second postulat, nous pourrions « extorquer » des détails au photon. Je ne sais donc pas de manière certaine quel sera le résultat de la nouvelle mesure, mais seulement sa probabilité : sachant que le photon a été transmis par un polariseur orienté verticalement, il a telle probabilité (ici, 50 %) de traverser un polariseur orienté à 45°. Les probabilités en mécanique quantique servent donc à relier les résultats de mesures effectuées dans des contextes expérimentaux différents. Après avoir effectué une mesure avec le polariseur à 45°, si je veux revenir à un polariseur vertical, il faut à nouveau changer de contexte : le résultat sera à nouveau probabiliste et je n'obtiendrai pas forcément le même résultat qu'au début. Cela explique pourquoi l'ordre des mesures est déterminant en physique quantique.

A. Auffèves: Le nombre de réponses (de modalités) que peut fournir un système macroscopique classique n'est pas limité et je peux compléter sa carte d'identité autant que je veux. À l'opposé, l'aléatoire en mécanique quantique vient de la mise en contact d'un très petit système, qui ne peut donner qu'un nombre fini et quantifié de réponses, et d'un gros contexte classique, qui peut poser une infinité de questions. L'aléatoire apparaît donc comme une caractéristique essentielle, ontologique, de la théorie quantique, contrairement à l'interprétation du microscope de Heisenberg, où l'aléatoire est la conséquence d'un problème pratique. De plus, ici, le caractère aléatoire découle essentiellement de la quantification. Cela replace la quantification au cœur de la théorie quantique.

Quelles sont les autres implications de cette relecture de la physique quantique ?

P. Grangier: Il y a un prix à payer quand on dit que la réalité appartient simultanément à un objet et à un contexte. Cela revient à dire que la réalité

est bipartite : d'un côté le système, de l'autre le contexte, et le premier ne peut pas se donner sans le second. C'est en quelque sorte une nouvelle définition de la réalité. L'implication profonde est qu'on ne peut plus imaginer le monde comme construit à partir du bas, à partir de particules qui « posséderaient » chacune un état défini. La vision naïve selon laquelle l'accumulation des particules microscopiques crée les objets macroscopiques ne fonctionne pas dans notre approche car, pour parler des particules et définir leur état, j'ai besoin d'un contexte macroscopique et je ne peux pas attendre qu'il émerge du monde microscopique.

Dans votre interprétation, que deviennent les paradoxes qu'on cite souvent, comme celui du chat de Schrödinger, à la fois mort et vivant ?

P. Grangier : Pour pouvoir parler d'un chat « mort et vivant », il faudrait disposer d'un contexte où cet état apparaîtrait comme une modalité certaine et reproductible. Autant il existe un contexte où on peut observer le chat soit dans l'état « vivant », soit dans l'état « mort », autant il n'existe aucun contexte où l'on pourrait observer un chat « mort et vivant » : on peut écrire une formule mathématique, mais on ne peut lui associer aucune propriété physique mesurable. Pour nous, cet état n'a donc aucune réalité physique. Remarquons, en revanche, que pour des systèmes « mésoscopiques » impliquant un petit nombre de particules quantiques (jusqu'à une centaine actuellement), on peut construire de telles superpositions, que les physiciens appellent des « chatons de Schrödinger. » De façon générale, dans notre approche, un vrai état (une modalité) n'est jamais défini de manière abstraite : il doit correspondre à une expérience certaine et reproductible, pour un système et un contexte donnés.

A. Auffèves : Le problème du chat de Schrödinger est essentiellement lié à la notion de superposition cohérente en mécanique quantique : que signifie « être dans deux états à la fois » ? Dans notre interprétation, cela n'a pas de signification intrinsèque, cela veut juste dire qu'il existe un contexte qui va

fig. Les lasers sont un des instruments de prédilection des expériences de mécanique quantique. ©S. Equilbey/CNRS Photothèque

donner une mesure certaine. Par exemple, on ne dit pas d'un photon à 45° qu'il est « à la fois » dans l'état 0° et dans l'état 90° en criant au mystère. Cela signifie juste que si j'oriente le polariseur à 45°, le photon sera transmis avec certitude. Pour le photon, ce comportement de superposition existe parce que la modalité appartient à la fois au système et au contexte, et qu'on peut changer de contexte en tournant le polariseur. Il n'existe rien de tel pour la vie et la mort du chat.

Comment vos collègues réagissent-ils quand vous leur présentez votre vision des choses ?

P. Grangier: Nous avons exposé notre point de vue dans plusieurs conférences, grandes et petites. J'ai l'impression que cela ébranle les physiciens sur le moment, puis qu'ils retournent à leur routine. Mais un des principes de la pédagogie est qu'il faut répéter avant d'être bien compris…

A. Auffèves: En fait, nos présentations se passent de mieux en mieux. Nos images sont plus claires désormais. Mais beaucoup de physiciens sont rétifs à cette idée, car ils ont tendance à penser que l'état quantique doit être attribué à un système tout seul. Au contraire, quand on dit au grand public non spécialiste que les propriétés dépendent à la fois du système et du contexte, cela semble assez évident. Il y a une petite différence de perception entre les physiciens et le reste du monde.

P. Grangier: Attribuer la réalité quantique à un objet et à un contexte en même temps, c'est un peu comme monsieur Jourdain et sa prose : beaucoup de chercheurs le font sans en avoir conscience. Cependant, ils ne sont pas prêts à l'admettre, car ils sont très attachés au fait d'attribuer un état uniquement à un système. Tout le monde est d'accord pour dire que la mécanique quantique est ontologiquement différente de la physique classique, mais j'ai l'impression que la majorité de nos collègues tient à conserver cet aspect classique, celui qui pose justement problème selon nous ! Quoiqu'il en soit, certains ne partagent pas la nouvelle définition de la réalité qu'implique notre approche. Donc, pour l'instant, notre interprétation ne fait pas du tout l'unanimité, sans doute aussi parce que la plupart des collègues qui ont réfléchi à ces questions se sont forgés leur propre interprétation et qu'ils n'en changeront pas sans une très bonne raison.

A. Auffèves: Je pense que ces réticences viennent profondément de la façon très mathématique et formelle dont la mécanique est enseignée. Dès le départ, il y a un parti pris : les états sont attribués au système. Il est ensuite difficile d'aller contre nos premières intuitions qui sont construites avec les mathématiques.

P. Grangier: J'enseigne la mécanique quantique à l'École polytechnique selon la méthode « traditionnelle », en suivant de près la façon dont la théorie s'est construite historiquement. On ne part pas des mathématiques mais des photons d'Einstein pour les ondes lumineuses, puis des interférences avec des particules et de leur interprétation grâce aux ondes de De Broglie. Au début, cette onde apparaît forcément comme une espèce d'onde électromagnétique ou une onde à la surface de l'eau, une « vraie » onde. Puis on explique assez rapidement que ce n'est pas une « vraie » onde, mais une amplitude de probabilité, donc un outil de calcul des résultats possibles. Mais alors il est difficile de se détacher d'une vision où l'onde est « quelque chose » ; et si elle n'est pas « quelque chose », de quoi parle-t-on, puisque les physiciens eux-mêmes ne semblent pas parvenir à répondre à cette question ? Parvenir à maîtriser ces notions fait partie de l'apprentissage de la physique quantique. Dans notre approche, la réalité est dans les quantités qu'on va mesurer, mais comprendre le sens de cette affirmation n'est certainement pas immédiat non plus.

Y a-t-il des liens entre ces réflexions fondamentales et votre travail quotidien en laboratoire ?

(…) Nous avons une sorte de postulat zéro qui est le réalisme : la physique décrit un univers qui existe indépendamment de l'observateur. P. Grangier

P. Grangier : Si on regarde les résultats anciens et récents sur les tests des inégalités de Bell, on voit que les questions sur la nature et le rôle de l'intrication quantique sont en un certain sens à l'origine d'un champ de recherche très actif, l'information et la cryptographie quantiques. Ce que nous faisons tous les jours relève plutôt de ce domaine. Mais, au départ, le test de Bell était conçu pour trancher un débat philosophique sur la nature de la réalité. Une réponse expérimentale convaincante a été apportée à la question posée, mais elle ne clôt pas le débat philosophique et métaphysique, et nos réflexions s'inscrivent dans ce contexte. Nous ne faisons donc pas de la pure métaphysique, et nous ne voulons pas nous arrêter là, sinon, on pourrait dire que nous ne formulons que des « pétitions de principe », que Niels Bohr avait déjà plus ou moins dit la même chose. Notre objectif est donc d'établir un lien plus étroit entre nos postulats et le formalisme mathématique, c'est-à-dire d'expliquer pourquoi, une fois posée la quantification du nombre de modalités d'un système et d'un contexte, on aboutit à la formulation mathématique usuelle de la physique quantique. Notre démarche ne conduit pas, pour l'instant, à des prédictions différentes de celles de la mécanique quantique standard, et la possibilité de trancher entre notre approche et une autre, par exemple au moyen de tests expérimentaux, comme on a pu le faire avec les inégalités de Bell, reste un problème ouvert.

A. Auffèves : En ce moment, je m'intéresse énormément à la thermodynamique quantique et notre approche philosophique pourrait ouvrir des perspectives nouvelles, notamment dans la volonté de ne pas faire de la mesure quantique un problème, mais plutôt un commencement. Mais l'intérêt de se poser ces questions fondamentales n'est pas encore quantifiable en termes de résultat et, actuellement, le vent de la recherche ne pousse pas à ce genre de questionnement. Pourtant, si elle n'est pas fondée sur un parti pris ontologique solide, la physique quantique devient trop, en tout cas à mon sens, une affaire d'application de techniques mathématiques. ◀

13-Novembre : comment se construit notre mémoire

Un programme de recherche sur le thème de la construction de la mémoire vient de débuter. Baptisée « 13-Novembre », cette étude vise à recueillir et analyser, à plusieurs années d'intervalle, les témoignages de 1 000 personnes touchées de près ou de loin par les attentats de 2015 à Paris. L'historien Denis Peschanski et le neuropsychologue Francis Eustache nous expliquent les objectifs de ce vaste projet.

entretien réalisé par Laure Cailloce
les chercheurs Denis Peschanski du Centre d'histoire sociale du XXe siècle [1] et Francis Eustache, directeur du Laboratoire de Neuropsychologie et neuro-imagerie de la mémoire humaine, et de la plateforme d'imagerie Cyceron.

Comment vous est venue l'idée du projet « 13-Novembre » ?

Denis Peschanski : En tant que chercheurs, nous sommes tous les deux directement intéressés par cette thématique de la construction de la mémoire, Francis Eustache comme neuropsychologue et moi-même comme historien. Nous sommes d'ailleurs partie prenante d'une plateforme technologique sur ce thème, Matrice [2], qui traite des mémoires de la Seconde Guerre mondiale et du 11-Septembre. Pourtant, après les attentats du 13 novembre 2015 à Paris, comme après ceux de janvier, nous avons d'abord eu la même réaction que tous les Français : l'incrédulité, l'émotion... Mais pas la sidération. Nous nous sommes retrouvés dans l'appel d'Alain Fuchs, le président du CNRS, à la communauté scientifique quelques jours après les attentats : que pouvait-on faire, en tant que scientifiques, face à cet événement qui a ébranlé toute la communauté nationale ? Il y a quelque chose de l'ordre de la mission citoyenne du chercheur dans le programme « 13-Novembre ».

Francis Eustache : Oui, c'est tout à fait ça. D'une certaine façon, on a eu le sentiment qu'on devait aux victimes de mettre nos compétences et nos outils au service d'un projet qui permettrait de comprendre ces événements sur le long terme... Concrètement, nous nous sommes directement inspirés de ce qui s'est fait à New York après les attentats du 11 septembre 2001: un psychologue américain de la New School, William Hirst, a recueilli quelque 3000 témoignages de personnes ayant vécu ces événements après un mois, un an, trois ans, cinq ans et dix ans, et les a comparés les uns aux autres. À l'époque, ce type d'étude longitudinale – sur une longue période, donc – était totalement inédit et a d'ailleurs livré des résultats passionnants: confus, les premiers récits des témoins du 11-Septembre faisaient ainsi une large place aux émotions et aux sensations, notamment olfactives, puis, au fil des ans, les faits véhiculés par les médias et repris dans les familles ont été réintégrés aux souvenirs individuels afin de construire un discours cohérent. L'étude de Hirst présentait néanmoins des limites: les questionnaires papier étaient remplis par les personnes elles-mêmes, le groupe de témoins interrogés a beaucoup varié d'une session à l'autre et surtout, l'enquête est restée sur un terrain essentiellement psychologique. Avec «13-Novembre», l'idée est d'aller beaucoup plus loin. C'est une opportunité scientifique unique d'observer la mémoire de chacun, mais aussi la mémoire collective d'un événement, en train de se construire.

En quoi consiste plus précisément ce projet ?

D. Peschanski: Ce programme de recherche transdisciplinaire prévu sur douze années vise à étudier la construction et l'évolution de la mémoire après les attentats du 13 novembre 2015. Nous souhaitons en particulier comprendre l'articulation entre mémoire individuelle et mémoire collective, comment l'une et l'autre évoluent au fil du temps et comment elles s'influencent mutuellement pour aboutir à un discours cohérent, qui a un sens pour l'individu comme pour la collectivité. De par son ampleur, le programme «13-Novembre» est une première mondiale. Il intègre à la fois des historiens, des neuropsychologues, des sociologues, des juristes, des lexicologues, des mathématiciens... Six laboratoires sont impliqués à ce jour [3] et plusieurs institutions comme le CNRS, l'Inserm, France Santé publique [4], l'Institut national d'audiovisuel (INA), le Service cinématographique des armées et les Archives de France, soit plusieurs centaines de personnes. Nous sommes d'ailleurs les premiers surpris d'avoir réussi à monter un projet aussi ambitieux en si peu de temps et d'avoir pu obtenir de l'État français, via le programme Investissements d'avenir, les 2 millions d'euros nécessaires pour démarrer (sur un budget total estimé à plus de 20 millions d'euros, NDLR).

Comment va se dérouler cette étude ?

F. Eustache: En pratique, elle se focalise sur une cohorte de 1000 personnes qui ont été les témoins directs ou indirects des attentats du 13 novembre à Paris. Quatre groupes ont été identifiés: le cercle 1 des personnes directement exposées aux attentats, survivants et proches des victimes, ainsi que les personnes qui sont intervenues sur les lieux; le cercle 2 des habitants et usagers des quartiers visés par les terroristes, le cercle 3 des quartiers périphériques de Paris et le cercle 4, plus lointain, des habitants de plusieurs villes de province – dont Caen et Metz. Quatre campagnes d'entretiens filmés seront réalisées: la première, lancée avant l'été 2016, est terminée depuis cet automne, la deuxième aura lieu deux ans plus tard, une troisième cinq ans plus tard et la dernière dix ans plus tard. Le questionnaire pluridisciplinaire a été élaboré par nos soins et répond à des contraintes éthiques et scientifiques particulièrement fortes: il s'agit de ne pas heurter les personnes qui ont vécu ces moments extrêmement difficiles. Celles et ceux qui sont chargés de conduire les entretiens viennent d'horizons très divers – historiens, sociologues, anthropologues, psychologues... – et ils ont tous reçu une formation répondant au protocole d'entretien de «13-Novembre».

[1] CNRS/Université Paris 1 Panthéon-Sorbonne
[2] Matrice est un Équipement d'excellence créé en 2011 pour conduire des études transdisciplinaires sur la mémoire : www.matricememory.fr
[3] Le Centre de recherche sur les liens sociaux, le Laboratoire de neuropsychologie et neuroimagerie de la mémoire humaine, le Laboratoire de neuropsychiatrie de Montpellier, l'Institut des sciences complexes, le Centre de recherche sur les médiations et le laboratoire Bases, corpus, langages.

Pourquoi réaliser plusieurs vagues d'entretiens ?

F. Eustache : On sait depuis quelques années déjà que les souvenirs que chacun d'entre nous emmagasine ne sont pas figés une fois pour toutes. Il s'opère un jeu subtil de consolidation-reconsolidation tout au long de la vie. Chaque fois que nous évoquons un souvenir, c'est un peu comme si nous le revivions pour notre cerveau qui le réencode à nouveau. Cette nouvelle évocation, qui permet de consolider le souvenir, le transforme également : elle se fait dans des circonstances et devant des personnes particulières, qui nous amènent à insister sur tel élément plutôt que tel autre, à gommer tel ou tel détail, sans compter l'influence que la société en général, les médias, la famille, les collègues vont avoir sur la façon dont nous racontons l'histoire. Tous ces processus sont complexes et encore mal connus des scientifiques. La seule chose qui ne bouge quasiment pas au fil du temps est la *flashbulb memory*, cette mémoire des circonstances dans lesquelles nous avons vécu un événement personnel ou collectif marquant. Chacun, encore aujourd'hui, se rappelait où il était et ce qu'il faisait lors du 11 septembre 2001, et ce sera probablement le cas pour le 13 novembre 2015 dans les années à venir.

Ce processus de transformation vaut-il pour la mémoire collective ?

D. Peschanski : Tout à fait ! Comme la mémoire individuelle, la mémoire collective obéit à un jeu subtil de construction-reconstruction. Il y a une raison à cela : elle ne se préoccupe pas de la « vérité historique des faits », c'est une représentation sélective d'événements passés qui participent à la construction identitaire d'un groupe. Au filtre de cette mémoire ne sont retenus que les éléments perçus comme structurants dans la construction de notre identité collective, parce qu'ils donnent un sens à notre histoire commune. Ainsi, l'exode de juin 1940 provoqué par la poussée allemande en territoire français, synonyme de fuite, de douleur voire de honte, a laissé peu de traces dans nos souvenirs communs alors qu'il a touché directement

[4] L'ex-Institut national de veille sanitaire va conduire une étude épidémiologique un an après les attentats afin d'analyser leur impact psychotraumatique et l'efficacité des dispositifs de prise en charge.

fig. Une semaine après les attentats du 13 novembre 2015, des centaines de personnes sont venues se recueillir place de la République, à Paris, pour rendre hommage aux victimes. ©J.-P. Sageot/Signatures

(...) Que pouvait-on faire, en tant que scientifiques, face à cet événement qui a ébranlé la communauté nationale ? D. Peschanski

fig. À gauche, l'historien Denis Peschanski, à droite, Francis Eustache, neuropsychologue
©O.Corsan/Le Parisien

ou indirectement des millions de personnes; à l'inverse, les faits de résistance d'une minorité de Français sont entrés dans le grand récit collectif: s'ils n'ont pas eu de portée militaire décisive, ils véhiculaient des valeurs politiques et idéologiques essentielles pour la reconstruction de la France.

Observer comment cette représentation collective s'élabore en temps réel est une opportunité unique pour un historien; voir comment elle dialogue avec les mémoires individuelles en est une autre, tout aussi passionnante. En plus des quatre campagnes d'entretiens que nous venons d'évoquer, le projet «13-Novembre» inclut d'ailleurs un partenariat avec le Centre de recherche pour l'étude et l'observation des conditions de vie (Crédoc) qui, simultanément aux entretiens, va mener quatre vagues d'enquêtes d'opinion afin de dresser une «photographie» de notre mémoire collective des attentats.

Les entretiens seront filmés par l'Institut national de l'audiovisuel (INA) et par le Service cinématographique des armées, partenaires à part entière du projet. Pourquoi ces collaborations?

D. Peschanski: La décision de filmer les entretiens répond à un double objectif. Un but scientifique d'abord, car toutes sortes de travaux vont être conduits à partir de ce matériel: grâce au big data et à la modélisation, on va pouvoir étudier les expressions faciales des témoins et leurs émotions, le débit de la parole et les silences. Des retranscriptions de ces vidéos vont également être réalisées afin de conduire des analyses textométriques qui permettront de savoir quels mots reviennent le plus dans les témoignages et à quelle fréquence, quels termes sont régulièrement associés... Filmer les entretiens obéit ensuite à un objectif patrimonial. Il était important pour nous que ces témoignages puissent être archivés et transmis aux générations futures, car ils constituent une mémoire précieuse pour la communauté nationale de ces terribles événements.

Le recueil des témoignages constitue le socle de «13-Novembre». Mais ce n'est pas le seul volet: une étude biomédicale sur l'état de stress post-traumatique est également prévue...

F. Eustache: Avec «13-Novembre», on ne travaille pas sur n'importe quel épisode historique. Il s'agit d'événements d'une extrême violence qui ont provoqué chez de nombreux témoins un ensemble de troubles appelé «état de stress post-traumatique» (ESPT): ces personnes souffrent de pensées et d'images envahissantes et revivent l'événement comme s'il était en train de se produire; elles ont des sursauts, des sueurs, des troubles du sommeil et développent des comportements d'évitement pour fuir toutes les circonstances qui pourraient leur rappeler les attentats. Certaines ont cependant mis en place des mécanismes de défense et s'en sortent mieux que d'autres. Nous voulons étudier tout cela de façon extrêmement précise, afin de produire une description complète de ces troubles et de leur manifestation dans le cerveau. Parmi les 1000 témoins interrogés, 180 issus des cercles 1 et 2, soit les personnes les plus directement touchées par les attentats [5], sont dirigés vers la plateforme d'imagerie cérébrale Cyceron et l'unité de recherche que je dirige à Caen afin de passer des tests neuropsychologiques ainsi que des IRM anatomiques et fonctionnelles.

Ne craignez-vous pas de déclencher de nouvelles crises de stress avec ces examens?

F. Eustache: Il est hors de question – et inutile – de soumettre ces personnes à de nouvelles images traumatisantes pour comprendre les mécanismes de l'état de stress post-traumatique. Nous avons donc opté pour une méthode conçue récemment en Angleterre et baptisée «think/no-think». Avec l'ESPT, des images et des pensées intrusives s'imposent à la personne qui les vit comme des événements du présent. Le paradigme think/no-think modélise cette situation sans avoir recours à des éléments traumatiques. Nous entraînons les

[5] Des personnes du cercle 4, le plus éloigné des attentats, seront également examinées et serviront de population de contrôle à cette étude.

personnes à associer un mot et un objet banals qui n'ont rien à voir l'un avec l'autre, par exemple le mot ordinateur et l'image d'un arbre ; nous les emmenons ensuite à l'IRM et leur demandons de continuer à faire cette association, puis de s'en dégager. Ces données, croisées avec d'autres (sur l'état de santé ou les conditions de vie des personnes), devraient permettre de mieux comprendre comment se fait la résilience à l'ESPT.

Le programme «13 Novembre» inclut également un volet réseaux sociaux. Pourriez-vous nous en dire un mot, en conclusion ?

D. Peschanski : Ce volet va être mené conjointement par les chercheurs de l'INA et de l'Institut des sciences complexes, qui ont chacun développé des outils pour aspirer et analyser les contenus des réseaux sociaux. L'idée ici est d'analyser l'ensemble des tweets échangés lors des attentats du 13 novembre, notamment les liens qu'ils contiennent (vers des vidéos, des sites d'information, etc), afin de voir comment se fait la viralité lors d'un événement de ce type. Pour voir comment se diffusent l'information et la rumeur, on va tout analyser, y compris les renvois vers des sites conspirationnistes. Les réseaux sociaux, comme les médias traditionnels autrefois, participent à plein à l'émotion, donc à la construction de la mémoire. C'est ce mécanisme que nous voulons passer au crible. Toutes ces analyses se dérouleront à partir de 2017. L'urgence de 2016, c'était le recueil des témoignages et l'imagerie cérébrale. La qualité des études futures dépend directement de la qualité des données recueillies.

La quête des exomondes

Le 6 octobre 1995, une équipe suisse d'astrophysiciens, dirigée par Michel Mayor, annonce avoir détecté la première planète hors de notre système solaire : 51 Pegasi b. Depuis cette découverte, des milliers d'exoplanètes ont été repérées. Retour sur cette quête astronomique débutée il y a plus de vingt ans.

article écrit par Anne-Sophie Boutaud
lieu hors du système solaire
mots-clés exoplanètes, zone habitable, vie, télescope
à lire https://lejournal.cnrs.fr/node/1164

«*Nous avons découvert la première planète située en dehors de notre système solaire. Elle a été nommée 51 Pegasi b.*» Le 6 octobre 1995, à l'occasion d'un colloque à Florence, Michel Mayor et Didier Queloz annoncent leur trouvaille devant un parterre de trois cents spécialistes. Cette découverte est l'aboutissement de travaux entamés dans les années 1970. Michel Mayor s'intéresse alors aux variations fines de vitesse des étoiles, à leur mouvement. L'objectif: chercher des naines brunes, étoiles «ratées» de masse insuffisante pour démarrer ou maintenir les réactions de fusion nucléaire. Et en arrière-pensée: apporter la preuve de l'existence d'autres systèmes planétaires.

Avec ses collègues André Baranne et Jean-Luc Poncet, Michel Mayor se lance dans la construction de spectrographes de plus en plus puissants. Ces instruments permettent d'analyser la lumière émise par une étoile. Le spectrographe Élodie est installé en 1993 à l'Observatoire de Haute-Provence. Dès sa mise en place, Michel Mayor et Didier Queloz matraquent une dizaine d'étoiles dont 51 Peg, située à 42 années-lumière de la Terre. Didier Queloz passe toutes ses nuits au télescope. Il finit par identifier sur 51 Peg une variation du signal, de grande amplitude, mais sur une courte période. À l'automne 1994, il décide de mesurer toutes les nuits les radiations de cette étoile. Le signal se confirme.

« Ce n'était encore qu'un balbutiement. Nombreux sont ceux qui ont émis des doutes : une planète ne peut pas être si proche de son étoile. Certains ont proposé une autre interprétation : c'est de la pulsation stellaire, raconte François Bouchy, chercheur au Laboratoire d'astrophysique de Marseille [1] et à l'Observatoire astronomique de l'Université de Genève, qui finissait son master à l'époque. *Dès le lendemain de l'annonce, une équipe américaine mesure à son tour le signal : l'objet céleste, d'une masse presque équivalente à celle de Jupiter, tourne autour de son étoile en seulement 4,2 jours. Michel Mayor et Didier Queloz ont fini par accrocher ce qu'on appelle aujourd'hui une Jupiter chaude, 51 Peg b. Ils ne l'ont pas lâchée et sont allés jusqu'au bout. D'autres équipes auraient jeté l'éponge. »* Cette découverte marque le début d'une chasse mondiale aux exoplanètes. Partout dans le monde, des équipes participent à la traque. À la fin du mois de mai 2016, on comptabilisait plus de 3200 exoplanètes découvertes officiellement (dont plus de 1200 annoncées le même mois par la Nasa, grâce au télescope Kepler) auxquelles il faut ajouter plus de 2400 candidates potentielles restant à confirmer.

Détecter n'est pas voir

Dénicher des exoplanètes ? Autant chercher une aiguille dans la Voie lactée ! Premier obstacle : la distance. Les systèmes exoplanétaires sont situés à quelques années-lumière pour les plus proches. Second obstacle : la faible luminosité émise par les planètes extrasolaires. Les exoplanètes sont bien plus petites que les étoiles autour desquelles elles tournent. Elles n'émettent pas de lumière, sauf dans certains cas du rayonnement thermique, et sont donc peu visibles. Jupiter, qui a une masse mille fois moins importante que le Soleil, réfléchit un milliard de fois moins de lumière que lui.

Détecter une planète extrasolaire peut se faire de manière directe, en analysant la lumière de l'exoplanète, ou de manière indirecte en analysant la lumière qui vient de l'étoile. Depuis les débuts de la quête des exomondes, plusieurs méthodes

fig. Vue d'artiste d'un système planétaire constitué de six planètes en orbite autour d'une étoile, et repéré grâce au télescope spatial Kepler. Il est situé à environ 2000 années-lumière de notre système solaire. © NASA/T. Pyle

[1] Unité CNRS/Aix-Marseille Université

L'EXISTENCE D'AUTRES MONDES : UNE PRÉOCCUPATION ANCIENNE ?

1

Épicure, philosophe grec (vers 342/341–270 avant notre ère)

Antiquité

Dès l'Antiquité, Épicure, dans sa *Lettre à Hérodote,* expose sa conviction de l'existence d'une infinité de mondes :

« Ce n'est pas seulement le nombre des atomes, c'est celui des mondes qui est infini dans l'Univers. Il y a un nombre infini de mondes semblables au nôtre et un nombre infini de mondes différents. »

2

Giordano Bruno (1548–1600)

3

Version simplifiée du système héliocentrique de Copernic

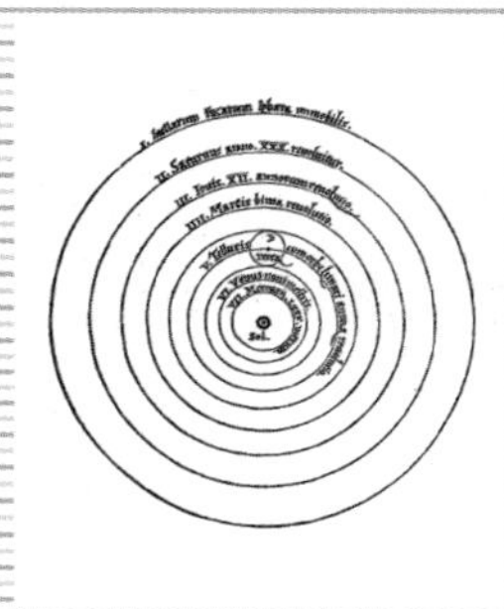

16e siècle

Bien plus tard, au XVIe siècle, le philosophe italien Giordano Bruno, s'appuyant sur l'héliocentrisme de Copernic, est le premier à affirmer, sans démonstration physique mais d'un point de vue philosophique, que :

« Il est donc d'innombrables soleils et un nombre infini de terres tournant autour de ces soleils, à l'instar des sept "terres" que nous voyons tourner autour du Soleil qui nous est proche. » **G. Bruno, *L'Infini, l'Univers et les Mondes,* 1584**

4

Christiaan Huyghens
(1629–1695) – détail

5

Couverture des *Entretiens sur la pluralité des mondes*, de Fontenelle

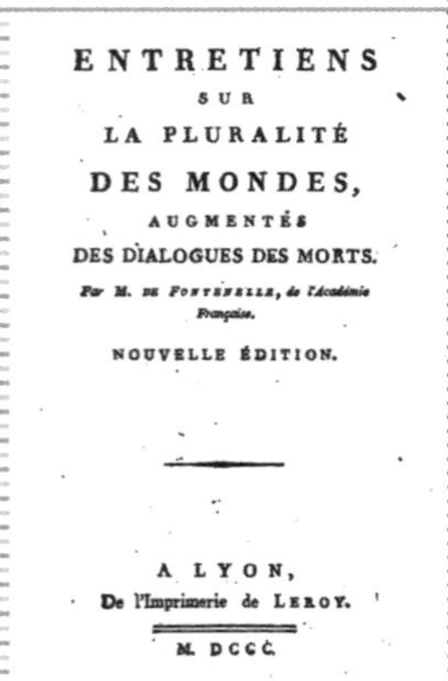

ENTRETIENS
SUR
LA PLURALITÉ
DES MONDES,
AUGMENTÉS
DES DIALOGUES DES MORTS.
Par M. de Fontenelle, de l'Académie Françoise.
NOUVELLE ÉDITION.

A LYON,
De l'Imprimerie de Leroy.
M. DCCC.

6

Edwin Hubble (1889–1953)

17e siècle

Un siècle plus tard, dans son essai *Entretiens sur la pluralité des mondes*, Fontenelle, écrivain et scientifique français, déclare que :

« Les Étoiles Fixes sont autant de Soleils dont chacun éclaire un Monde. »

À la même époque, le Néerlandais Huyghens, mathématicien, physicien et astronome, est le premier à penser utiliser les instruments d'observation, alors en plein développement, pour observer des planètes lointaines. Il est le découvreur des anneaux de Saturne et de son principal satellite, Titan, en 1655.

19e siècle

C'est le développement d'une nouvelle discipline scientifique, la planétologie, au XIXe siècle, conjointement à la mise au point d'instruments de mesure et d'observation de plus en plus puissants, qui vont permettre de nombreuses avancées dans la connaissance de l'Univers. Plus proche de nous, l'astronome américain Edwin Hubble, à l'origine du concept d'expansion de l'Univers, déclare en 1924 :

« La communauté scientifique suppose depuis longtemps que si les étoiles sont des soleils (et réciproquement !), et que le Soleil héberge des planètes, alors il est fort probable que les autres étoiles hébergent elles aussi des planètes. »

de détection indirectes se sont développées et ont été perfectionnées. Pour François Bouchy, «*il n'y a pas de bonnes ou de mauvaises techniques: elles sont complémentaires. Une très forte synergie entre les techniques est indispensable, tout comme entre les instruments au sol et les missions spatiales*».

L'une des principales méthodes de détection indirecte est celle des transits, qui consiste à repérer la légère baisse de luminosité lorsqu'une planète passe devant son étoile. Pionnier discret (et archiviste des exoplanètes), Jean Schneider [2] suggère dès 1988 d'utiliser cette technique. «*Au début, personne ne misait sur cette approche et on se rend compte maintenant que c'est une niche incroyable*», précise François Bouchy. Elle est complétée par la méthode des vitesses radiales, utilisée par l'équipe de Michel Mayor pour 51 Peg b, qui se base sur le fait que planètes et étoiles tournent autour d'un centre de gravité commun. Ainsi, en présence d'une planète, l'étoile décrit des orbites très petites mais néanmoins décelables.

L'analyse spectroscopique des ondes lumineuses émises va alors permettre de détecter le déplacement qu'une planète impose à son étoile par effet Doppler: en mouvement, la lumière de l'étoile va passer périodiquement du bleu au rouge (décalage spectral) selon qu'elle s'éloigne ou se rapproche de l'observateur. En combinant ces deux méthodes (transits et vitesses radiales), les chercheurs peuvent désormais obtenir avec précision la masse, le rayon et la densité des exoplanètes.

De plus, les techniques au sol ne cessent de s'améliorer et permettent des détections directes, notamment grâce au développement des systèmes de correction optique en temps réel. L'atmosphère terrestre n'étant pas homogène, l'optique adaptative compense les turbulences atmosphériques qui dévient les rayons lumineux provenant de l'étoile. Autre technique, la coronographie permet, quant à elle, d'atténuer la lumière de l'étoile pour révéler celle de la planète. De très nombreux projets, dans les plus grands télescopes terrestres ou spatiaux, y sont consacrés. C'est le cas de l'E-ELT, European Extremely Large Telescope, télescope

fig. Vue d'artiste de l'E-ELT, le futur grand télescope installé dans le désert d'Atacama (Chili)
© ESO/L. Calçada

[2] Laboratoire univers et théories (CNRS/Observatoire de Paris/Université Paris Diderot)

Deux grandes familles d'exoplanètes

PLANÈTES GAZEUSES

Les planètes gazeuses sont plus faciles à « voir » que les telluriques car elles sont plus volumineuses. Leur masse varie de dix fois à plus de cinquante fois celle de la Terre. Ces géantes sont de deux types : les neptuniennes et les joviennes.

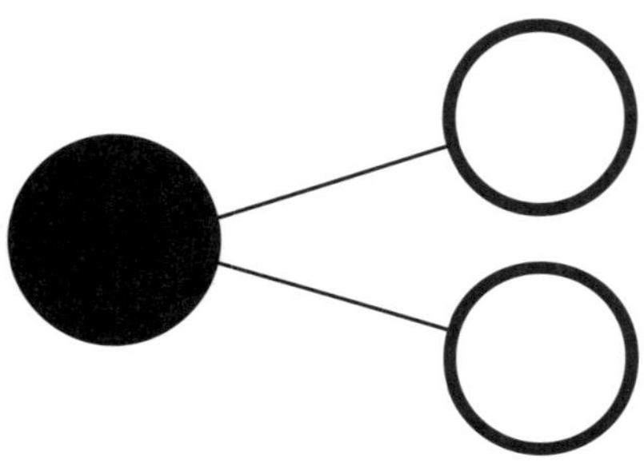

Les joviennes sont composées d'hydrogène et d'hélium majoritairement, à l'instar de Jupiter dans notre système solaire. Ce sont des géantes gazeuses qui, selon leur température de surface, sont qualifiées de « Jupiter chaude » ou de « Jupiter froide ». Certaines sont faites presque exclusivement d'hélium.

Les neptuniennes, géantes de glace, sont constituées d'eau, de méthane ou d'ammoniac. Là-aussi, en fonction de leur température, on en distingue deux types : les Neptune chaudes, proches de leur étoile, et les Neptune froides, beaucoup plus éloignées.

PLANÈTES TELLURIQUES

Les planètes telluriques, ou rocheuses, ne sont pas les plus nombreuses à avoir été détectées à ce jour, en raison principalement de leur relative petite taille. Parmi les milliers d'exoplanètes répertoriées, quelque deux cents d'entre elles appartiennent à cette catégorie.

Celles dont la masse est comprise entre une et dix fois la masse de la Terre sont appelées super-Terres. Parmi ces exoplanètes telluriques ou rocheuses, on en distingue plusieurs types, théoriques pour certains, en fonction de leur composition : planète de silicates, planète océan, planète de carbone...

Pour qu'une planète soit potentiellement habitable, elle doit être ni trop près de l'étoile (elle serait trop chaude) ni trop loin (trop froide). Seules celles qui se trouvent dans la zone habitable, déterminée à la fois par la distance à l'étoile, mais aussi par la masse de l'étoile elle-même, sont des candidates potentielles à l'existence d'eau liquide à leur surface et donc à un éventuel développement de la vie.

européen au Chili dont la mise en service est prévue pour 2024. Grâce à la précision de ces télescopes, l'exploration de l'Univers prend un tout nouveau tournant. Les connaissances sur l'évolution planétaire permettent aujourd'hui de s'interroger sur les conditions d'émergence et de maintien de la vie terrestre et extraterrestre. Une question à laquelle est dédiée une discipline nouvelle : l'exobiologie. Par essence pluridisciplinaire, elle rassemble des physiciens, chimistes, biochimistes, biologistes, climatologues, géochimistes et planétologues. L'exobiologie donne des clés d'accès aux processus d'évolution à long terme des atmosphères, des surfaces et des climats. L'interrogation première de l'exobiologie : l'habitabilité.

Un nouveau fil rouge : l'habitabilité

Selon la Nasa, seules douze exoplanètes telluriques confirmées se trouveraient dans la zone habitable de leur étoile, une zone ni trop proche ni trop éloignée, où de l'eau pourrait exister à l'état liquide. En caractérisant les constituants de l'atmosphère d'une super-Terre localisée dans cette zone, les chercheurs essaieront de déceler des biotraceurs : oxygène, ozone, méthane. Et les prospectives extraterrestres se poursuivent. Depuis 2008, deux chercheurs en météorologie dynamique, François Forget [3] et Jérémy Leconte [4], développent un modèle numérique permettant d'imaginer le climat sur les planètes extrasolaires.

Trois paramètres s'avèrent indispensables: l'insolation de la planète (fonction de sa distance à l'étoile et de sa taille), son orbite et sa rotation sur elle-même, et la composition de son atmosphère. L'objectif est de déterminer les climats qui permettraient à la vie de se développer. Le télescope E-ELT rendra possible ce type de détection.

Pour le moment, la distance qui nous sépare des exoplanètes rend le voyage interstellaire impossible. Les programmes d'exploration se font depuis la Terre ou via les télescopes spatiaux en sélectionnant les meilleures candidates et en attendant d'avoir plus d'indices. *« Ces dernières années,* explique François Bouchy, *certains projets spatiaux de caractérisation d'atmosphère ont été mis sur la touche car jugés trop risqués, mais ils seront resoumis. Le nombre d'exoplanètes telluriques appropriées pour un sondage de leur atmosphère explose et les techniques progressent. Qui sait ce qui se passera d'ici à vingt-cinq ans ? »*

Une cartographie de plus en plus riche

Si la révolution exobiologique n'est pas pour demain, la connaissance des exomondes continue de progresser. Les nombreuses planètes extrasolaires découvertes ont révélé une diversité inattendue : des périodes orbitales excentriques, parfois inférieures à 24 heures, des masses pouvant excéder largement celle de Jupiter... La variété des systèmes planétaires est étonnante. À ce jour, les chercheurs ont établi deux familles d'exoplanètes [encadré ci-contre]. Les planètes de type terrestre, tellurique ou rocheuse, dont la masse est comprise entre 1 et 10 fois celle de la Terre, sont appelées des « super-Terres ». Pour les planètes gazeuses, on distingue deux types d'exoplanètes : les planètes de type Neptune et les planètes de type Jupiter, chaudes ou froides selon leur distance à l'étoile. Pour François Bouchy, la classification des objets n'est pas encore arrêtée, selon qu'on les catalogue par leur masse ou leur rayon, mais reste un repère. Le but est de collecter de plus en plus de critères de classification accessibles : de toutes les exoplanètes confirmées, seules quelques dizaines ont actuellement une fiche d'identité bien remplie.

Cette diversité des structures internes et des compositions des systèmes planétaires n'empêche pas d'espérer que l'on puisse un jour découvrir des planètes telluriques dans la zone habitable des étoiles proches et brillantes. La chasse aux cousines de la Terre est ouverte.

[3] Laboratoire de météorologie dynamique (CNRS/École normale supérieure/École polytechnique/Université Pierre et Marie Curie)

[4] Laboratoire d'astrophysique de Bordeaux (CNRS/Université de Bordeaux)

→ Ours

Directeur de la publication
Alain Fuchs

Directrices de la rédaction
Brigitte Perucca
Blandine Genthon

Directeur adjoint de la rédaction
Fabrice Impériali

Rédacteur en chef
Matthieu Ravaud

Coordinatrice éditoriale
Stéphanie Arc

Chef de rubrique
Charline Zeitoun

Rédacteurs
Nicolas Baker
Anne-Sophie Boutaud
Laure Cailloce
Yaroslav Pigenet

Ont participé à ce numéro
Michel Agier
Kheira Bettayeb
Clea Chakraverty
Léa Galanopoulo
Sylvain Guilbaud
Jean-Francois Guillemoles
Martin Koppe
Francis Lecompte
François-Michel Le Tourneau
Catherine Jessus
Virginie Orgogozo

Secrétaire de rédaction
Isabelle Grandrieux

Promotion et relation presse
Julien Guillaume
Christelle Voisin
Claire Martz

Direction artistique et conception graphique
Claire Espinosa
Noëmi Wüthrich

Illustrations
Alexandra Arango (p. 30 – 49)
Clémence Passot (p. 102, 116, 122, 126)
Hampé Wüthrich (p. 50, 98, 104, 132)

Les jeux graphiques (p. 23, 71, 81, 93, 137, 159, 163, 173, 183, 189) ont été réalisés avec le logiciel de traitement d'images TexTuring, mis au point par Ivan Murit (ivan-murit.fr) et disponible depuis août 2016. Basé sur un algorithme qui sert d'ordinaire à modéliser une réaction chimique, ce logiciel permet de tramer des images avec une grande variété de motifs « organiques ».

Iconographes
Anne-Emmanuelle Héry
Marie Mabrouk
Christelle Mercier Pineau

Fabrication
Audrey Carbon
Céline Ribet

Photogravure
quat'coul

Impression
Imprimerie de Champagne
Groupe Graphycom
Z.I. les Franchises
52200 Langres

Le numéro 2 des *Carnets de science* sera en librairie en mai 2017

Retrouvez-nous aussi sur
www.carnetsdescience-revue.fr

Carnets de science
semestriel, édité par CNRS Éditions S.A.
15, rue Malebranche, 75005 Paris

Diffusion / Distribution
Volumen / Interforum

Abonnement
abo@carnetsdescience-revue.fr

N° ISSN : à venir

N° ISBN : 978-2-271-09348-6

Dépôt légal Novembre 2016

Photos CNRS : phototheque@cnrs.fr
http://phototheque.cnrs.fr

Crédit photo
fig. p.196 © ESO/M. Kornmesser/ N. Risinger (skysurvey.org)

Images couverture
Vue d'artiste d'un système planétaire © NASA/T. Pyle, p. 190
Illustrations : Alexandra Arango